薄板坯连铸连轧和薄带连铸
关键工艺技术

杨光辉　张　杰　李洪波　曹建国　编著

北　京

冶金工业出版社

2023

内 容 提 要

本书主要以薄板坯连铸连轧技术和薄带连铸技术为研究对象，结合国内外有代表性的先进机型和工艺，详细地分析和介绍了目前世界上先进的薄板坯连铸连轧工艺技术和薄带连铸工艺技术及其装备。全书共分5章。第1章主要介绍连铸工艺技术，第2章主要介绍薄板坯连铸连轧工艺技术和设备特征，第3章主要介绍薄板坯连铸连轧工艺匹配分析，第4章主要介绍典型薄板坯连铸连轧技术主要机组分析，第5章主要介绍近终形浇铸——薄带连铸技术。

本书适合炼钢、轧钢工程技术人员、研发人员阅读，也可作为大专院校有关专业的研究生、本科生的教学参考书。

图书在版编目（CIP）数据

薄板坯连铸连轧和薄带连铸关键工艺技术/杨光辉等编著. —北京：冶金工业出版社，2016.10（2023.2重印）

ISBN 978-7-5024-7356-3

Ⅰ.①薄… Ⅱ.①杨… Ⅲ.①薄带坯连铸 ②薄板轧制—连续轧制 Ⅳ.①TF777.7 ②TG335.5

中国版本图书馆 CIP 数据核字（2016）第 246705 号

薄板坯连铸连轧和薄带连铸关键工艺技术

出版发行	冶金工业出版社	电　　话	(010)64027926
地　　址	北京市东城区嵩祝院北巷 39 号	邮　　编	100009
网　　址	www.mip1953.com	电子信箱	service@ mip1953.com

责任编辑　李培禄　美术编辑　吕欣童　版式设计　杨　帆
责任校对　卿文春　责任印制　禹　蕊

北京富资园科技发展有限公司印刷

2016 年 10 月第 1 版，2023 年 2 月第 3 次印刷

787mm×1092mm　1/16；11.5 印张；276 千字；172 页

定价 45.00 元

投稿电话　(010)64027932　投稿信箱　tougao@cnmip.com.cn
营销中心电话　(010)64044283
冶金工业出版社天猫旗舰店　yjgycbs.tmall.com
（本书如有印装质量问题，本社营销中心负责退换）

前　言

　　早在 19 世纪中期，美国人赛勒斯（1840 年）、赖尼（1843 年）和英国人亨利·贝塞麦（1846 年）就曾提出过连续浇铸液体金属的初步设想，并用于低熔点有色金属的浇铸。类似现代连铸设备的建议是由美国人亚瑟（1886 年）和德国人戴伦（1887 年）提出来的。1933 年德国人容汉斯建成一台结晶器可以振动的立式连铸机，并用其浇铸黄铜获得成功，后用于铝合金的工业生产。结晶器振动的实现，不仅可以提高浇铸速度，而且使钢液的连铸生产成为可能，因此，容汉斯成为现代连铸技术的奠基人。英国人哈里德则提出了"负滑脱"的概念，在其负滑脱振动方式中，结晶器下振动速度比拉坯速度快，钢坯与结晶器壁间产生了相对运动，真正有效地防止了钢坯与结晶器壁的粘连，钢连续浇铸的关键性技术得到突破。因而在 20 世纪 50 年代连续铸钢步入了工业生产阶段。进入 20 世纪 60 年代，弧形连铸机的问世，使连铸技术出现了一次飞跃。进入 20 世纪 80 年代以后，连铸技术日趋成熟。

　　连铸技术在钢铁生产中的应用是钢铁冶金工业的一次技术革命，它不仅大大提高了生产率，减少了材料消耗，提高了能源效率，并且提高了材料的质量。此后还出现了连铸连轧技术。现代炼钢技术的发展主要经历了 3 个阶段：1947~1974 年，技术特点是转炉、高炉的大型化；以模铸-初轧为核心，生产外延扩大；1974~1989 年，技术特点是全连铸工艺，以连铸机为核心；1989 年至今，技术特点是连铸-连轧工艺，以薄板坯、连铸-连轧为代表，钢厂向紧凑化方向发展。

　　连续铸钢有很多优越性，简化了工序，缩短了流程，提高了金属收得率，降低了能源消耗，生产过程机械化、自动化程度高，质量提高，品种扩大。薄板坯连铸连轧工艺将过去的炼钢厂和热轧厂有机地压缩、组合到一起，缩短了生产周期，降低了能量消耗，从而大幅度提高了经济效益。薄板坯连铸连轧技术因众多的单位参与研究开发，形成了各具特色的生产工艺，如 CSP（Compact Strip Production，紧凑式热带生产工艺）、ISP（Inline Strip

Production，在线热带钢生产工艺）、FTSR（Flexible Thin Slab Rolling for Quality，生产高质量产品的灵活性薄板坯轧制工艺）、CONROLL（生产不同钢种的连铸连轧生产工艺）、QSP（Quality Strip Production，高质量的热带生产工艺）、TSP（Tippins - Samsung Process，倾翻带钢新技术）、CPR（Casting Pressing Rolling，铸压轧工艺）、ASP（Angang Strip Production，中薄板连铸连轧生产工艺）等。

薄带连铸技术是冶金及材料研究领域内的一项前沿技术，它的出现正为钢铁工业带来一场革命，它改变了传统冶金工业中薄型钢材的生产过程。采用薄带连铸技术，将连续铸造、轧制，甚至热处理等整合为一体，使生产的薄带坯稍经冷轧就一次性形成工业成品，简化了生产工序，缩短了生产周期，其工艺线长度仅60m。设备投资也相应减少，产品成本显著降低，并且薄带质量不亚于传统工艺。此外，利用薄带连铸技术的快速凝固效应，还可以生产出难以轧制的材料以及具有特殊性能的新材料。但从目前的研究情况看，主要集中在不锈钢、低碳钢和硅钢片方面。

本书主要以连续铸钢技术、薄板坯连铸连轧技术和薄带连铸技术为研究对象，结合国内外具有代表性的先进机型和工艺，详细分析和介绍了目前世界上各种先进的薄板坯连铸连轧和薄带连铸工艺技术及其装备，体现了本书在技术上的先进性。希望本书能对我们掌握当今世界上先进的薄板坯连铸连轧技术和薄带连铸技术有所帮助和指导。本书所分析和研究的薄板坯连铸连轧技术和薄带连铸技术内容既可作为设计同类技术选型时的依据，也可作为同类机型更新改造的样板，体现了很强的实用性。

本书共分5章。第1章主要介绍连铸工艺技术，第2章主要介绍薄板坯连铸连轧工艺技术和设备特征，第3章主要介绍薄板坯连铸连轧工艺匹配分析，第4章主要介绍典型薄板坯连铸连轧技术主要机组分析，第5章主要介绍近终形浇铸——薄带连铸技术。

本书参阅了大量国内外文献资料，特别是近几年的最新研究进展，在此对相关著作和文献的作者表示衷心的感谢。编者在求学和工作期间，得到了武钢、宝钢、首钢、马钢等单位多位领导、技术人员和工人师傅的大力支持和帮助，在此表示由衷的感谢。编者所在课题组的老师、博士生和硕士生为本书的编写付出了大量的辛勤劳动，在此一并表示感谢。

参加本书编写的有杨光辉、张杰、李洪波、曹建国。杨光辉担任主编。本书的编写和出版得到了"北京高等学校青年英才计划（YETP0369）"和"中央高校基本科研业务费专项资金资助（FRF-BR-15-047A）"的大力资助，在此表示感谢。

本书适合炼钢、轧钢工程技术人员、研发人员阅读，也可作为大专院校相关专业研究生、本科生的教学参考书。

限于编者水平所限，不足之处在所难免，恳请读者批评指正。

编　者
2016 年 6 月于北京科技大学

目 录

1 连铸工艺技术

1.1 概述

1.1.1 我国的钢铁行业

钢铁工业作为国民经济的基础原材料产业，在经济发展中具有重要地位。我国是钢铁生产和消费大国，粗钢产量连续多年居世界第一。我国钢铁工业不仅在数量上快速增长，而且在品种质量、装备水平、技术经济、节能环保等诸多方面都取得了很大的进步，形成了一大批具有较强竞争力的钢铁企业。图 1-1 所示为我国钢材消费结构。

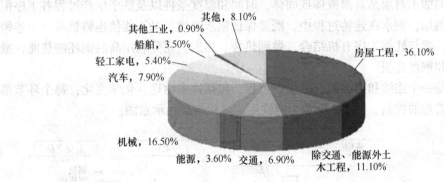

图 1-1 我国钢材消费结构

1.1.2 钢铁材料简介

钢铁：是以 Fe 和 C 为主要组成元素，并含有 Si、Mn、P、S 等杂质的合金。

生铁：碳含量（$w(C) > 2.11\%$）和杂质含量较高的铁碳合金，生铁硬度高、性脆。

炼钢生铁：硅含量较低（$w(Si) < 1.25\%$），断口呈银白色，主要用于炼钢。

铸造生铁：硅含量较高（含 $w(Si) > 1.25\% \sim 3.2\%$），断口呈灰黑色，用作铸造的原料。

钢：碳含量较低（$w(C) < 2.11\%$）、杂质元素的含量也较低的铁碳合金。钢具有较好的强度和韧性，是常用的金属材料。

钢材：钢锭或钢坯经压力加工成各种形状、规格的钢材。

1.1.3 钢铁工业的特点

用地面积较大：每生产 1t 钢铁一般需要 $2m^2$ 左右的用地，再加上为它服务的和被它带动发展起来的工业企业用地，要比钢铁厂本身的用地扩大 2~3 倍。

用水量大：平均每炼 1t 钢需水 $100 \sim 200m^3$。目前我国的大型钢铁联合企业大都位于几条主要河流的沿岸。

运输量大：大型钢铁厂生产 1t 钢铁，厂内外平均货运量 20t 左右，其中原料运输 5.5t。

协作面广：钢铁企业是一个有机联系的生产综合体，需要产品原料的协作、副产品和废品回收的协作、与为钢铁厂服务的工厂建立协作关系，以及与厂外工程如水、电、气、管线、运输方面的协作等。

职工人数较多：大型钢铁联合企业是一个十分复杂的生产系统，拥有众多的生产部门，职工人数也很多。

1.1.4 钢铁生产流程简介

钢铁制造业一般可分为长流程和短流程。长流程包括原料供应、炼铁、炼钢、轧钢等生产工序，其特点是生产流程长，任何一个环节出现问题都可能影响整个生产的正常进行。短流程是从炼钢开始到轧钢的生产工序。无论长流程还是短流程，炼钢到轧钢都是提高钢铁企业效益与产品质量的关键。

钢铁企业的加工对象是高温液体或固体，时间和温度条件以及整个生产过程各工序衔接非常重要。例如，钢水在连铸过程中，既要保证钢水温度，又不能使连铸机断流。连铸坯生产出来后，要与轧钢工序有机结合，做到热装、热送，充分利用高温钢坯的热能，减少再加热过程和钢坯烧损。

钢铁生产是一个连续和离散混合的生产过程，包括许多物理、化学变化，每个环节都要受到生产与管理的控制。图 1-2 所示为钢铁生产流程与产品示意图。

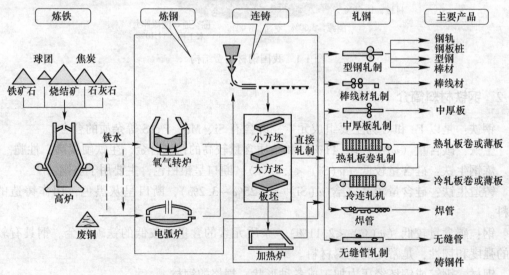

图 1-2　钢铁生产流程与产品示意图

1.2　冶金生产工艺

钢铁生产的三大主工序是炼铁、炼钢和轧钢，如图 1-3 所示。其中，炼钢生产的工艺路线如图 1-4 所示。图中的 LF、CAS、KIP、VD、VOD、RH 代表不同的钢水炉外精炼技术，其中，LF（Ladle Furnace）为钢包精炼炉；CAS（Composition Adjustment by Sealed

Argon Bubbling) 为合金微调及温度处理；KIP (Kimizuinject Process) 为钢包喷粉；VD (Vacuum Degassing) 为真空吹氩脱氧；VOD (Vacuum oxygen decarburization) 为真空吹氧脱碳；RH (Ruhrstah (Hearaeus) 为循环真空处理。

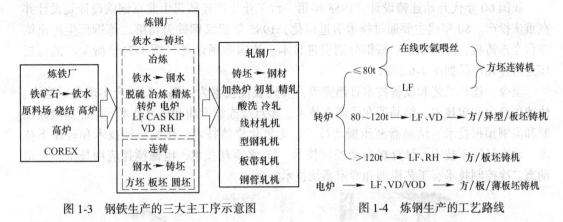

图 1-3　钢铁生产的三大主工序示意图　　　　　图 1-4　炼钢生产的工艺路线

1.3　连铸的发展情况

美国人亚瑟 (B. Atha，1866 年) 和德国土木工程师戴伦 (R. M. Daelen，1877 年) 最早提出以水冷、底部敞口固定结晶器为特征的常规连铸概念。前者采用一个底部敞开、垂直固定的厚壁铁结晶器并与中间包相连，施行间歇式拉坯；后者采用固定式水冷薄壁铜结晶器，施行连续拉坯、二次冷却，并带飞剪、引锭杆垂直存放装置。1920~1935 年间，连铸过程主要用于有色金属，尤其是铜和铝的领域。

钢的连铸工业应用相比铝、铜受制于其熔点高、比热容大、导热系数较低。一项最重要的开拓性工作是如何提高一台连铸机的浇铸能力，最关键的是浇铸速度。

1933 年，德国人容汉斯 (S. Junghans) 开发了结晶器振动系统，为钢的连铸奠定了基础。1950 年，德国曼内斯曼 (Mannesmann) 公司将其投入工业生产。

虽然振动式结晶器是钢得以顺利连铸的开创性的关键技术，但真正有效防止坯壳与结晶器黏结的突破性技术贡献，应当归功于英国人哈里德 (Halliday) 提出的"负滑脱"概念，具有改善润滑、减轻黏结的优点，更利于实现高速浇铸。

初期的连铸设备大部分建在特殊钢生产厂。设备设计主要被容汉斯、罗西和原苏联包揽，机型主要是立式。20 世纪 50 年代制造的 40 台连铸机中有 25% 是立弯式。世界上第一台工业性生产连铸机于 1951 年在苏联"红十月"冶金厂建成，是一台立式双流板坯半连续铸钢设备。1952 年，第一台立弯式连铸机在英国巴路厂投产。1952 年，在奥地利卡芬堡钢厂建成一台双流连铸机，它是多钢种、多断面、特殊钢连铸机的典型代表。1954 年，在加拿大阿特拉斯钢厂投产第一台方坯和板坯兼用连铸机。

60 年代弧形铸机引发的一场革命，采用了弧形连铸后，连铸技术的应用才实现了一次真正的突破，不仅提高了生产率，降低了设备投资，而且更有利于安装在原有的钢厂内。世界上第一台弧形连铸机于 1964 年 4 月在奥地利百录厂诞生。

70 年代两次能源危机推动了连铸技术的迅速发展，多点矫直、气水冷却、保护浇铸、液面自动控制等技术的全面发展，不断改善了产品质量，提高了铸机的生产率。

80 年代连铸技术日趋成熟，连铸比每年以 4% 的速度递增。90 年代以后，连铸技术，包括近终形连铸（尤其是薄板坯、薄带铸轧），高速浇铸，高清洁性产品的连铸，低过热度浇铸，质量系统控制技术，热送热轧，非正弦振动等技术逐渐成熟。

我国 60 年代开始连铸设计，1958 年第一台工业生产连铸机由北京钢铁设计院设计并在重庆投产。80 年代主要通过技术引进消化，1985 年武汉钢铁公司第二炼钢厂生产出第一台全连铸机，随后宝钢、鞍钢分别引进日本、德国等国设备（图 1-5），所生产的薄板坯连铸连轧产品如图 1-6 所示。

至今，连铸工艺和设备技术日趋完善，其代表性技术为：钢包回转台实现多炉连浇、快速更换中间包技术、结晶器在线调宽技术、多点或连续弯曲和矫直技术、结晶器液面控制和漏钢预报技术、结晶器液压振动技术、无氧化浇铸技术、压缩浇铸技术和轻压下技术、动态轻压下技术、计算机自动控制技术、气-水冷却技术、电磁搅拌应用技术、三维动态二冷控制技术、工艺模型和专家系统技术。

图 1-5　引进的国外板坯连铸机设备现场效果图

图 1-6　引进的国外连铸机生产的薄板坯连铸连轧产品

1.4　连铸技术的特点

连铸不是将高温钢水浇铸到一个个的钢锭模内，而是将高温钢水连续不断地浇到一个或几个用强制水冷带有"活底"（称为引锭头）的铜模内（称为结晶器），钢水很快与"活底"凝结在一起，待钢水凝固成一定厚度的坯壳后，就从铜模的下端拉出"活底"，这样已凝固成一定厚度的铸坯就会连续地从水冷结晶器内被拉出来，在二次冷却区继续喷水冷却。带有液芯的铸坯，一边走一边凝固，直到完全凝固。待铸坯完全凝固后，用氧气切割机或剪切机把铸坯切成一定尺寸的钢坯。这种把高温钢水直接浇铸成钢坯的新工艺，称为连续铸钢。

连铸是炼钢和轧钢之间的一道生产工序，是将精炼后的钢水用连铸机浇铸、冷凝、切割连续铸造成铸坯。连铸生产出来的钢坯是热轧厂生产各种产品的原料，是炼钢生产中的重要阶段。连铸设备的润滑情况直接影响设备生产的正常运行，关系到产品质量和经济效益，因此各钢铁企业都非常重视。

连续铸钢自问世以来，便得到迅速发展。这主要是由于它与传统的"模铸—开坯"工艺相比（图1-7），具有如下突出优点：

（1）简化了生产钢坯的工艺流程，节约了大量的能源。据日本资料介绍，连铸的能源消耗仅为模铸工艺的20.8%～13.5%。我国每吨连铸坯综合节能约为130kg标准煤，若实行连铸坯的热送，还能再节省5kg左右的标准煤。

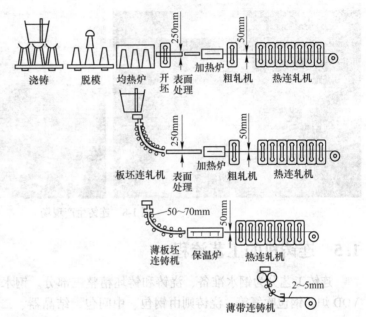

图1-7 连铸和模铸工艺流程比较

（2）由于能在一个机组上连续浇铸出钢坯来，可以提高金属收得率达7%～8%、成材率提高10%～15%，成本还可以降低10%～12%。

（3）可以采用计算机自动控制，易于实现连续生产。从根本上改变了工人劳动条件，生产率相应得到提高。

（4）由于连铸的优越性，许多钢厂纷纷采用连铸取代模铸工艺，并出现全连铸炼钢车间，各国连铸比不断提高。

经过几十年各国对连铸技术的研究、开发，使得连铸新工艺、新技术发展很快。近年来，高拉速、高连浇率、高作业率、高铸坯无缺陷率（或称为无清理率）的高效连铸是连铸生产的重要发展方向，也是迅速提高我国连铸生产水平的重要手段。

提高连铸机的生产率的关键在于提高连铸机的作业率，提高其拉速。板坯连铸机的拉速目前可以达到2.5m/min，作业率大于90%，漏钢率小于0.02%，连浇炉数1500炉以上，板坯的表面无清理率达到95%以上。小方坯连铸机的拉速可以达到4.0～5.0m/min（130mm×130mm），单流年产铸坯量15万吨以上，作业率达到97%，漏钢率小于0.4%，连浇炉数1000炉以上。

连铸因具有生产成本低、金属收得率高、产品质量优、劳动条件好等优点，已成为钢水浇铸广泛采用的新技术和新工艺。随着炼钢技术的发展，炉外精炼的采用比RH、VOD、LF炉、吹Ar等工艺使供连铸的钢水质量有了明显改善；连铸采用保护浇铸以及连铸液面控制电磁搅拌等新技术的应用，使铸坯表面质量进一步提高，内部缺陷进一步减少。这不仅扩大了连铸浇铸的钢种，而且为铸坯红送创造了有利条件。

目前连铸发展为连铸连轧短流程新工艺。薄板坯连铸可浇成 50~100mm 厚的连铸坯，热送加热炉，然后热连轧机组直接轧制成最小厚度约 1.2mm 的热轧带卷，该工艺是以最短的工艺流程、在一条连续的作业线上直接生产带卷的高新技术。我国邯钢、包钢等厂家已经引进了这种新技术。图 1-8 所示为连铸生产现场。

图 1-8　连铸生产现场

1.5　连铸机的工艺流程

连铸工艺分为钢水准备、浇铸和铸坯精整三部分。钢水准备包括 LF 炉、真空处理、VOD 炉、钢包吹氩等；浇铸则由钢包、中间包、结晶器、二冷、拉矫、切割出坯等设备组成；精整有火焰清理和修磨等工序。图 1-9 所示为连铸机的工艺流程。

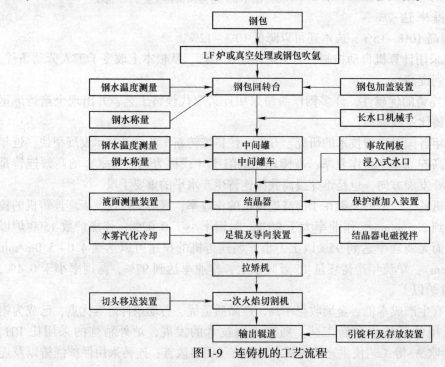

图 1-9　连铸机的工艺流程

1.6 连铸机的机型及其特点

连铸机的机型直接影响连铸坯的产量、质量、投资和效益。最早应用于工业生产的是立式连铸机，历经几十年的不断发展，至今已形成完整的机型型谱，通常称为传统连铸机。

按结晶器运动方式，连铸机分为固定式连铸机和移动式连铸机两类。移动式连铸机是以水冷、底部敞口铜质结晶器为特征的常用连铸机，又分为立式、立弯式、弧形、水平式等连铸机（图 1-10）；固定式连铸机是同步运动结晶器的连铸机，铸坯与结晶器壁间无相对运动，能够达到较高的浇铸速度，如双辊式、双带式、单辊式、单带式、轮带式等连铸机。用于工业生产的连铸机常见机型如图 1-11 所示。

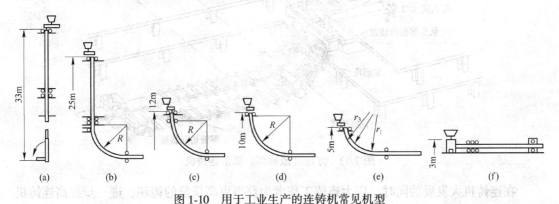

图 1-10 用于工业生产的连铸机常见机型
（a）立式；（b）立弯式；（c）直结晶器弧形；（d）弧形；（e）椭圆形；（f）水平式

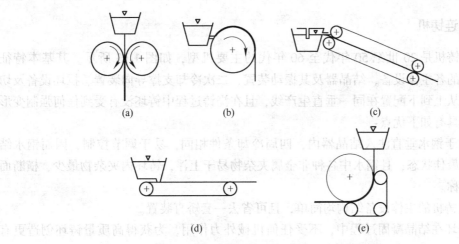

图 1-11 同步运动式结晶器的各种连铸机机型
（a）双辊式；（b）单辊式；（c）双带式；（d）单带式；（e）轮带式

按铸坯断面形状和大小，连铸机分为方坯连铸机（断面不大于150mm×150mm 的称为小方坯；大于150mm×150mm 的称为大方坯）；板坯连铸机（铸坯断面为长方形，其宽厚比一般在 3 以上）；圆坯连铸机（直径 60~400mm）；异形坯连铸机（如 H 型、空心管等）；方、板坯兼用连铸机（既能浇板坯，也能浇方坯）；薄板坯连铸机（铸坯厚度为

40~80mm 的薄板坯料）等。

按铸坯所承受的钢液静压头（铸机垂直高度与铸坯厚度的比值），连铸机分为高头型连铸机（$H/D>50$，机型为立式或立弯式）、标准头型连铸机（H/D 为 40~50，机型为带直线段的弧形）、低头型连铸机（H/D 为 20~40，机型为弧形或椭圆形）、超低头型连铸机（$H/D<20$，机型为椭圆形）4 种。

目前常用的是结晶器为固定式的方坯（或圆坯）弧形连铸机，如图 1-12 所示。

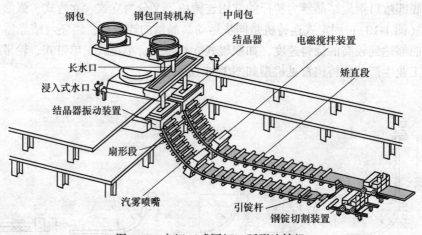

图 1-12 方坯（或圆坯）弧形连铸机

在连铸机大发展的同时，广大连铸工作者为获得更高质量的铸坯，进一步提高连铸机的拉坯速度，相继开发出多种形式的连铸机，这里称为新型连铸机。下面仅对其中几种主要新型机作简要介绍。

1.6.1 立式连铸机

立式连铸机是 20 世纪 50 年代至 60 年代的主要机型，如图 1-13 所示。其基本特征是：连铸机的各主体设备，结晶器及其振动装置、二次冷却支撑导向装置、拉坯设备及切割装置等均从上到下配置在同一垂直生产线，且在浇铸过程中铸坯没有受到任何强制变形过程。因而具有如下优点：

（1）由于钢水垂直注入结晶器内，四周冷却条件相同，易于调节控制，因而钢水结晶容易达到最佳状态；且钢水中各种非金属夹杂物易于上浮，铸坯内夹杂物最少，横断面结晶组织对称。

（2）连铸机的主体设备结构均简单，且可省去一套矫直装置。

（3）铸坯在结晶凝固过程中，不受任何机械外力作用，为获得高质量铸坯创造更有利的条件。

其主要缺点是：

（1）立式连铸设备总高度大，由于铸坯在垂直状态凝固，设备总高度还要随浇铸坯断面的增加和拉速的提高而增大，铸坯定尺越长、铸机高度越大。一般立式铸机的高度比弧形铸机的高度大两倍，浇铸同类型断面铸坯，弧形铸机只有立式铸机高度的1/3。如大型板坯或方坯铸机的高度（浇铸平台到输出辊道的上表面距离）在 30m 以上，一般较小断面的立式铸机高度也需 20m 左右，所以厂房高度很高或需将铸机部分设备建在地坑中（唐钢一炼钢车间的立式铸机地坑深度为 18m）。

（2）铸机机身很高，由此带来一系列问题，如钢水的静压大，极易产生鼓肚变形；机械设备的维护、检修很不方便；施工工作量都很大（不论是向空中还是往地下），因而投资较多。

（3）铸坯定尺长度受到限制，发展困难。

（4）基建工程量大，厂房或地坑的建设费用高。

（5）铸坯的运出较麻烦，一旦铸造过程出现故障，铸机只能停止工作。

随着生产率进一步提高，铸坯尺寸要增大，拉速需加快，都迫使立式连铸机还要加高，其缺点会更加突出，发展受到严重限制。自 20 世纪 60 年代弧形连铸机问世以来，立式连铸机的建设基本上被弧形连铸机替代。

近年来，德国西门子（Siemens）设计出新型的立式连铸机（图 1-14）：新型立式连铸机的年产量可高达 37 万吨，生产直径达 800mm 的优质大圆坯，配有新型多辊驱动系统，可有效降低立式连铸负载。该立式连铸机可生产更多不同等级的优质钢材。新配备的全新设计多辊驱动系统将确保设备在连铸过程中向 120t 机架提供最佳支撑。

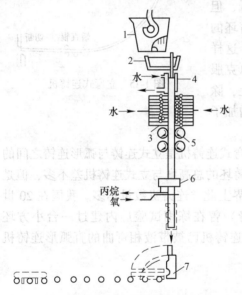

图 1-13　立式连铸机

1—钢包；2—中间包；3—导辊；4—结晶器；

5—拉辊；6—切割装置；7—移坯装置

图 1-14　西门子立式连铸机

该连铸机未来将有能力生产出用于结构钢、工具钢和轴承钢以及耐热不锈钢的钢坯。这台设备的核心是一台由西门子开发的多辊驱动系统。该系统可以对连铸过程中对机架产生的巨大下向力进行补偿，同时减小边缘和中心部位的拉伸力，从而确保铸锭内部质量始终如一。

新型连铸机采用立式设计，高 40m、冶金长度为 23m，可生产直径为 400mm、600mm 和 800mm、长度在 2.5~6m 之间的重型钢坯。连铸机还配备了 DiaMold 直管式结晶器和可对振动参数进行灵活调整的 DynaFlex 振动装置，并集成了如 LevCon 结晶器液位控制系统和确保浇铸工作无故障进行的 Mold Expert 漏钢预防和结晶器监测系统等先进技术。此外，西门子还将提供全套工艺设备，包括 DynaSpeed 冶金冷却模型和 DynaJet 冷却喷嘴在内的二次冷却系统，以及整套基础自动化和过程自动化系统。

1.6.2　立弯式连铸机

立弯式连铸机如图 1-15 所示。它的主要特征是：铸机机身上部都与立式铸机完全相同，在铸坯完全凝固后，经过弯坯装置，将铸坯弯曲 90°成水平，然后在水平位置矫直、切断成定尺，水平出坯。该机型的主要优点是：

（1）完全保留了立式连铸机的主要工艺与铸坯质量高的长处。

（2）机身较立式铸机高度有所降低。更重要的是从此开拓了连铸机水平出坯的新途径，坯长不再受限制。

其主要缺点是：尽管铸机机身高度有所降低，但在铸坯尺寸进一步加大、拉速进一步提高时，铸坯的液相深度会越来越长，机身至弯坯前还是太高。这样该机型所显示的优越性会越发不明显，甚至难以克服由高度带来的困难。特别是在主要设备的组成上，除了比立式铸机减少一套翻钢与出坯装置外，又增加了弯坯装置和矫直设备，两者质量相差无几。

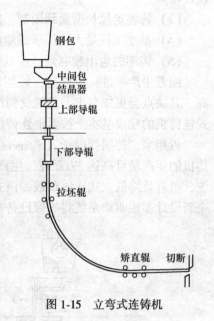

图 1-15　立弯式连铸机

立弯式连铸机则避免了这两点不利之处。立弯式连铸机是立式连铸与弧形连铸之间的产物。这种铸机均为高架式。出坯在地坪面上，铸坯的总高度与立式连铸机差不多，但是多一套弯坯机构，因此造价比立式连铸机高，世界上此类连铸机数量不多。我国在 20 世纪 70 年代，石景山钢铁厂（首都钢铁公司前身）曾在炼钢试验厂内建过一台小方坯（90mm×90mm）立弯式连铸机（已拆除）。这类连铸机已被带液相弯曲的直弧形连铸机替代。

1.6.3　弧形连铸机

弧形连铸机是世界各国应用最多的一种机型。在不断寻求降低连铸机高度的过程中，到 20 世纪 60 年代初，我国及瑞士首先研制成功了弧形连铸机（见图 1-16）。从此，连铸机获得了迅猛进展。

弧形连铸机的基本特征是：从位于最上面的结晶器及紧相连的二次冷却支导装置到拉矫机，受到矫直辊施加的外力被矫直。该机型具有如下优点：

（1）机身高度低，仅为立式铸机高度的 1/3，由此带来一系列优越性，如对设备和维护、检修以及事故处理等都比较方便。钢水的静压力较小，因而大大减少因鼓肚引起铸坯的内裂和偏析。

（2）在克服立弯式连铸机缺点的同时，保持和发扬了其水平出坯的特长。定尺长度不再受限制，为实现高速浇铸创造了良好的条件。

它的主要缺点是：

（1）鉴于钢水完全是在 1/4 圆弧中进行冷却凝固的，其中夹杂物上浮自然会受到阻碍，又很容易向内弧富集，会造成夹杂物偏析。

（2）整个铸机占地面积比立式铸机大。

（3）连铸机设备制造、安装、维修、对中、找正比较困难。

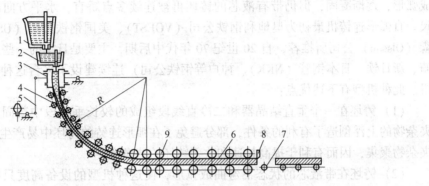

图 1-16　弧形连铸机结构简图

1—钢包；2—中间包；3—结晶器；4—二次冷却装置；5—结晶器振动装置；
6—铸坯；7—运输辊道；8—切割设备；9—拉矫机

1.6.4　直弧形连铸机

近年来，在总结立式连铸机和全弧形连铸机优缺点的基础上，提出采用直结晶器，具有弯曲过渡的弧形段，然后矫直水平出坯的直弧形连铸机。图 1-17 所示为某直弧形连铸机辊列图。

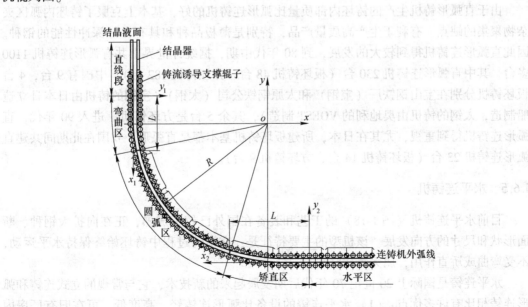

图 1-17　某直弧形连铸机辊列图

　　这种机型的连铸机采用直结晶器，并具有一个 2.5m 以上的直线段，因而它具有立式连铸机铸坯质量好的优点。同时，二冷区又采用了较大的弧形段，矫直水平出坯因而又具有弧形机中提高拉速、增加产量的优点；采用特殊的弯曲和矫直结构；可带液芯进行弯曲和矫直，防止铸坯由于矫直引起的内裂纹。

　　直弧形连铸是将钢水注入垂直放置的直型结晶器，在结晶器下有 2~3m 的垂直铸坯导向段的连续铸钢类型。带有液芯的铸坯经直线段，而后被连续多点（一般为 4 点）弯曲成弧形，逐渐凝固，但仍带有液芯的铸坯再被连续多点矫直，水平方向出坯并被切成定尺。直弧形连铸机最初为奥地利钢铁公司（VOEST）、美国钢铁公司（USC）和瑞士奥尔森（Olsson）公司所推荐，自 20 世纪 70 年代中后期，主要是日本的一些大钢铁公司（川崎、新日铁、日本钢管（NKK）、神户等钢铁公司）连续建设了多台这种机型的板坯连铸机。此种机型有下述优点：

　　(1) 铸坯在一个垂直结晶器和二冷直线段组成的较长垂直段中凝固，为钢水中大型夹杂物的上浮创造了有利的条件，部分避免了在弧形连铸的铸坯中易产生的内弧侧 1/4 处夹杂物聚集，因而有利于提高拉速和改善铸坯的洁净度。

　　(2) 铸坯在带液芯的状态下弯曲成弧形，使这种机型的设备高度只稍高于弧形连铸机，而远低于立弯式连铸机。

　　(3) 由于采用了连续多点弯曲和矫直，可保证铸坯在两相区不致产生裂纹。

　　但是也有人认为：铸坯的洁净度应通过钢水的精炼措施来达到，而不是留在凝固过程中解决。这种机型在结构上与弧形连铸机相比，有下述不足：

　　(1) 由于增加一弯曲段，设备相对复杂，调整、维修的工作量和难度都略有增加。

　　(2) 铸机高度较弧形机的高，从而使静压引起的铸坯"鼓肚"变形增加，再加两相区的弯曲变形，铸坯产生内裂的可能性加大。

　　(3) 由于铸机高度稍高和设备较复杂，基建投资和设备费用也相应有所增加。

　　由于直弧形铸机生产的铸坯内部质量比弧形连铸机的好，基本上克服了铸坯内弧区夹杂物聚集的缺点，有利于生产高质量产品，特别是薄板品种和具有良好深冲性能的钢种。因此直弧形连铸机得到较大的发展，到 80 年代中期，据统计世界上共有弧形连铸机 1100多台，其中直弧形连铸机 230 台（板坯铸机 48 台、方坯铸机 182 台）。中国有 9 台，4 台板坯铸机分别在宝山钢铁厂（宝钢）和太原钢铁公司（太钢）（宝钢的铸机由日本日立造船制造，太钢的铸机由奥地利的 VOEST 制造），其余 5 台是方坯铸机。进入 90 年代，直弧形连铸机得到重视，尤其在日本，所建板坯铸机基本都是直弧形。我国在此期间共建直弧形连铸机 23 台（板坯铸机 14 台、方坯铸机 9 台）。

1.6.5　水平连铸机

　　目前水平连铸机（图 1-18）的工艺和装备在国外已较为成熟，正在向扩大钢种、断面形状和尺寸的方向发展。该机型的主要特征是：在浇铸过程中铸坯始终保持水平运动，不受弯曲或矫直作用，属无氧化浇铸。

　　水平连铸是国际上 20 世纪 70 年代后期发展起来的新技术，它与常规的立式连铸和弧形连铸相比有许多优点：(1) 水平连铸的设备比弧形连铸轻、高度低，可在旧有厂房内安装，从而大量节约工程造价，特别适合于小钢铁厂的技术改造；(2) 由于水平连铸的结晶器成水平布置，钢水在结晶器内的静压力低，避免了铸坯鼓肚；（3）水平连铸的中间包和结晶器之间是密封连接的，有效地防止了钢流二次氧化；（4）铸坯清洁度高，其夹杂物含量一般仅为弧形坯的1/16~1/8，故铸坯质量好，利于浇含易氧化元素的合金钢等钢种和小断面优质钢坯铸坯；（5）水平连铸机不需矫直，所以可浇铸弧形连铸机不能浇铸的裂纹敏感的特殊钢种。

　　水平连铸机几乎可以连铸所有的特殊钢、高合金钢和非铁基合金。目前发展水平连铸机的三大关键技术，即分离环、结晶器和拉坯机构已得到解决，影响水平连铸坯质量的拉程冷隔缺陷和夹杂物聚集在上表面附近的问题、中心疏松、中心偏析等这些缺陷与立式、弧形连铸机相比并不严重。现有的技术措施（中间包加热控制钢水温度、结晶器及二冷段电磁搅拌、结晶器及二冷段的控制冷却技术等）已能减轻这些缺陷对水平铸坯的危害。为此水平连铸机很早就受到了国内有关方面的重视。国内已有许多钢厂用水平连铸机生产圆管坯、方坯、矩形坯等。水平连铸机继立式、立弯式和弧形连铸机之后，即将成为第四代连铸机而广泛发展起来，因此有资料称它是连铸机的未来。

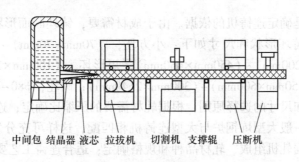

图1-18　水平连铸机组

　　水平连铸与传统的弧形连铸相比，有以下优点：

　　（1）由于设备水平布置、机身低，现有厂房内即可安装，所以基建投资低。

　　（2）铸坯质量高。由于中间包与结晶器是直接相连，防止了二次氧化，且钢水中夹杂物易在中间包内上浮，提高了钢水清洁度。据实际统计，钢中夹杂物含量在一般弧形连铸机中为190mg/10kg钢，水平连铸中只有20mg/10kg钢。由于实现了密封浇铸，无"二次氧化"，铸坯中含氧量少，据实际统计弧形连铸含氧量为0.008%。而水平连铸只有0.0031%。此外，铸坯不弯曲、无矫直内裂、无鼓肚疏松等。特别是水平连铸中结晶器导热集中于前端，铸坯出结晶器后不用喷水，冷却均匀，铸坯表面质量好。特别适用于高合金钢的铸造。

　　（3）能直接浇铸成小型铸坯（如70mm方坯），甚至几毫米的线坯，因此能用最小的轧制比取得终了产品，大大地缩短了冶金生产流程。

　　（4）安全可靠性好。由于设备水平布置，一旦拉漏对后续设备烧损少，而且水平连铸中装有专门的拉漏监控装置可以对拉漏进行监控。

　　目前，水平连铸适合于中小型钢厂与电炉相匹配生产小型断面铸坯。

1.7　连铸机型的选择原则及其主要参数

　　连铸设备是连续完成钢液成型（浇铸、冷凝）分段和输出的设备的总称。图1-19所示为连铸生产的一般工艺流程。

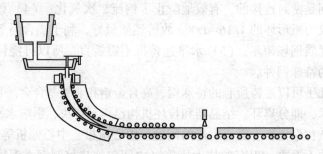

图 1-19 连铸生产的一般工艺流程

1.7.1 连铸机型的选择原则

连铸机型的选择原则主要有 3 个，即满足钢种和断面规格的要求；满足铸坯质量要求；节省建设投资。

铸坯断面尺寸是确定连铸机的依据。由于成材需要，铸坯断面形状和尺寸也不相同。目前，已生产的连铸坯形状和尺寸如下：小方坯，（70mm×70mm）~（200mm×200mm）；大方坯，（200mm×200mm）~（450mm×450mm）；矩形坯，（100mm×150mm）~（400mm×560mm）；板坯，（150mm×600mm）~（300mm×2640mm）；圆坯，$\phi 80 \sim \phi 450$mm。

确定铸坯断面和尺寸的选择原则：根据轧材需要的压缩比确定；连铸机生产能力和炼钢能力合理匹配，一般大型炼钢炉与大型连铸机相匹配，这样可充分发挥设备生产能力，简化生产管理；根据轧机组成、轧材品种和规格确定；适合连铸工艺要求，若采用浸入式水口浇铸时，铸坯的最小断面尺寸为：方坯在 150mm×150mm 以上，板坯厚度也应在 120mm 以上，如浇铸时间不长，可用薄壁浸入式水口，浇铸的最小断面可以为 120mm×120mm。

1.7.2 连铸机特性参数的表示

台数：凡是共用一个钢包，浇铸 1 流或多流铸坯的 1 套连续铸钢设备称为 1 台连铸机。

机数：凡具有独立传动系统和独立工作系统，当它机出现故障，本机仍能照常工作的一组连续铸钢设备，称之为 1 个机组。1 台连铸机可以由 1 个机组或多个机组组成。

流数：1 台连铸机能同时浇注铸坯的总根数称为连铸机的流数。1 台连铸机有 1 个机组，又只能浇铸 1 根铸坯，称为 1 机 1 流；若 1 台连铸机有多个机组，又同时能够浇铸多根铸坯，称为多机多流；1 个机组能够同时浇铸 2 根钢坯的，称为 1 机 2 流，如图 1-20 (a) 所示；1 个机组能够同时浇铸 4 根钢坯的，称为 1 机 4 流，如图 1-20 (b) 所示；1 个机组能够同时浇铸 6 根钢坯的，称为 1 机 6 流，如图 1-21 所示。

弧形、椭圆形连铸机的主要参数可以用 $aRb\text{-}c$ 形式来表示。其中，a 为机数，若机数为 1，则可省略；R 为机型为弧形或椭圆形连铸机；b 为圆弧半径，单位为 m，若为椭圆形连铸机，b 为多个半径的乘积，也标志可浇铸坯的最大厚度；c 为拉坯辊辊身长度，单位为 mm，标志着连铸机可容纳的连铸坯的最大宽度，$B = c - (150 \sim 200)$mm。

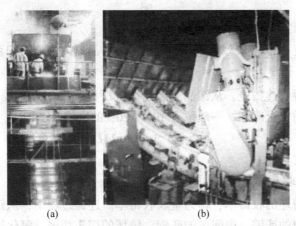

图 1-20　小方坯连铸机生产线

（a）1 机 2 流；（b）1 机 4 流

图 1-21　宝钢 1 机 6 流圆坯连铸机生产线

例如：3R5.25-240 表示此台连铸机为 3 机，弧形连铸机，其圆弧半径为 5.25m，拉坯辊辊身长度为 240mm。R3×4×6×12-350 表示此台连铸机为 1 机，4 段椭圆形连铸机，其圆弧半径分别为 3m，4m，6m 和 12m，拉坯辊辊身长度为 350mm。

1.7.3　弧形、椭圆形连铸机的主要参数

1.7.3.1　液芯长度 $L_{液}$

液芯长度又称液相穴深度或液相深度，是指铸坯从结晶器钢液面开始到铸坯中心液相完全凝固点的长度。可用下式表达：

$$L_{液} = vt$$

式中，$L_{液}$ 为连铸坯液相深度，m；v 为拉坯速度，m/min；t 为铸坯完全凝固所需要的时间，min。

1.7.3.2　冶金长度 L_c

拉坯速度最大时候的液芯长度即为冶金长度。冶金长度是连铸机的重要结构参数，决定着连铸机的生产能力，也决定了铸机半径或高度，从而对二次冷却区及矫直区结构乃至铸坯的质量都会产生重要影响。

$$L_c = \frac{D^2}{4K_m^2} v_{max}$$

式中，D 为铸坯厚度；v_{max} 为最大拉坯速度；K_m 为结晶器内钢液凝固系数。

1.7.3.3　铸机长度 L_B

对铸坯全凝固矫直连铸机，从结晶器液面至拉矫机水平切点弧线长，即为铸机长度。为了满足铸坯矫直前完全凝固，一般留有 10%~20% 的富裕量，即：

$$L_B = (1.1 \sim 1.2)L_c$$

式中，L_c 为冶金长度。

1.7.3.4　金属收得率

从钢水到合格铸坯的收得率，称为金属收得率。连铸过程中，从钢水到合格产品有各种金属损失，如钢包的残钢、中间包的残钢、铸坯的切头切尾、氧化铁皮和因缺陷而报废的铸坯等。

1.7.3.5　坯壳凝固层厚度 s

坯壳凝固层厚度就是结晶器出口处最小坯壳厚度，其可表示为：

$$s = Kt^{\frac{1}{2}}$$

式中，s 为凝固层厚度，mm；t 为凝固时间，min；K 为系数，一般取值 23~32，视钢种、断面、钢水温度和拉速变化而定。

1.7.3.6　拉坯速度

拉坯速度是以每分钟从结晶器拉出的铸坯长度来表示，简称拉速。拉坯速度应和钢液的浇铸速度相一致。拉坯速度控制合理，不但可以保证连铸生产的顺利进行，而且可以提高连铸生产能力，改善铸坯的质量。现代连铸追求高拉速。

拉速的确定原则：确保铸坯出结晶器时的厚度能承受钢水的静压力而不破裂，对于参数一定的结晶器，拉速高时，坯壳薄；反之，拉速低时，坯壳厚。一般认为，拉速应确保出结晶器的坯壳厚度为 12~14mm。

影响拉坯速度的因素：

(1) 拉坯力的限制。拉速提高，铸坯中的未凝固长度变长，各相应位置上凝固壳厚度变薄；铸坯表面温度升高，铸坯在辊间的鼓肚量增多，拉坯时负荷增加，超过拉拔转矩就不能拉坯，所以限制了拉速的提高。

(2) 铸坯断面的影响。随着铸坯断面增大，拉速减小。

(3) 铸坯厚度的影响。厚度增加，拉速明显降低。

(4) 结晶器导热能力的限制。根据结晶器散热量计算出最高浇铸速度：板坯为 2.5m/min，方坯为 3~4m/min。

(5) 拉坯速度对铸坯质量的影响。降低拉速可以阻止或减少铸坯内部裂纹和中心偏析；提高拉速可以防止铸坯表面产生纵裂和横裂；为防止矫直裂纹，拉速应使铸坯通过矫直点时表面温度避开钢的热脆区。

(6) 钢水过热度的影响。一般连铸规定允许最大的钢水过热度，在允许过热度下拉速随着过热度的降低而提高。

(7) 钢种影响。就含碳量而言，拉坯速度按低碳钢、中碳钢、高碳钢的顺序由高到低；就钢中合金量而言，拉坯速度按普通碳素钢、优质碳素钢、合金钢顺序降低。

拉坯速度的确定：

（1）用铸坯断面选取拉坯速度：

$$v_c = K \frac{l}{F}$$

式中，l 为铸坯断面周长，mm；F 为铸坯断面面积，mm^2；K 为断面形状速度系数，m·mm/min。

（2）用铸坯的宽厚比选取拉坯速度：

$$v_c = \frac{f}{D}$$

式中，D 为铸坯厚度，mm；f 为系数，m·mm/min。

限制拉坯速度的因素主要是铸坯出结晶器下口坯壳的安全厚度。对于小断面铸坯坯壳安全厚度为 8~10mm；大断面板坯坯壳厚度应不小于 15mm。

最大拉坯速度：

$$v_{max} = \frac{K_m^2 L_m}{\delta^2}$$

式中，L_m 为结晶器有效长度，一般取（结晶器长度−100mm）；K_m 为结晶器内钢液凝固系数，$mm/min^{1/2}$；δ 为坯壳厚度，mm。

1.7.3.7 圆弧半径

铸机的圆弧半径只是指铸坯外弧曲率半径，单位是 m。它是确定弧形连铸机总高度的重要参数，也是标志所能浇铸铸坯厚度范围的参数。如果圆弧半径选得过小，矫直时铸坯内弧面变形太大，容易开裂。

生产实践表明，对碳素结构钢和低合金钢，铸坯表面允许伸长率为 1.5%~2%，铸坯凝固壳内层表面所允许的伸长率为 0.1%~0.5%。连铸对一点矫直铸坯伸长率取 0.2%以下，多点矫直铸坯伸长率取 0.1%~0.15%。适当增大圆弧半径，有利于铸坯完全凝固后进行矫直，以降低铸坯矫直应力，也有利于夹杂物上浮。但过大的圆弧半径，会增加铸机的投资费用。

可用经验公式确定基本圆弧半径，也是连铸机最小圆弧半径：

$$R \geq cD$$

式中，R 为连铸机圆弧半径；D 为铸坯厚度；c 为系数，一般中小型铸坯，取 30~36。对大型板坯及合金钢，取 40 以上。国外，普通钢取 33~35，优质钢取 42~45。

1.7.3.8 连铸机流数

连铸机流数的选择：

$$n = \frac{G}{sv\rho T}$$

式中，n 为一台连铸机浇铸的流数；G 为钢包容量，t；s 为每流铸坯面积，m^2；v 为平均拉坯速度，m/min；ρ 为连铸坯密度，t/m^3，碳素镇静钢 $\rho = 7.6$，沸腾钢 $\rho = 6.8$；T 为允许浇铸时间，min。

1.8 连铸机的主要工艺和设备

连铸需要将炼钢炉炼出的合格钢水装入钢包，吹气（通常用惰性气体）调温或真空脱气处理后，再由钢包承运设备送至连铸机浇铸平台，按工艺要求将钢水注入中间包，此时的中间包已在其运载设备上，水口正对结晶器以便进行浇铸。图1-22为连铸的设备布局；图1-23为连铸机主要设备的现场图。

　　生产工艺对设备的要求是抗高温、抗疲劳强度、足够的刚度、较高的制造和安装精度、易于维修和快速更换、充分的冷却和良好的润滑。连铸设备主要可分为主体设备和辅助设备两大类，如图1-24所示。

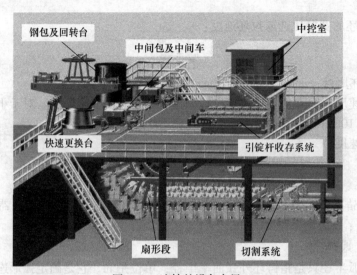

图1-22　连铸的设备布局

图1-23　连铸机主要设备的现场图

　　由工艺流程和主要机械设备可知，连续铸钢设备必须适应高温钢水由液态弧形连铸机变成液-固态，又变成固态的全过程。其间进行着一系列比较复杂的物理与化学变化。显然，连续铸钢具有连续性强、工艺难度大和工作条件差等特点。因此生产工艺对机械设备提出了较高的要求，主要有：设备应具有抗高温、抗疲劳强度的性能和足够的刚度；制造和安装精度要高；易于维修和快速更换；要有充分的冷却和良好的润滑等。

(1)浇铸设备：钢包、中间包、结晶器、振动装置、二冷装置；

(2)拉坯矫直设备：拉坯机、矫直机、引锭链；

(3)切割设备：火焰切割机、机械剪切机。

(1)出坯及精整设备：辊道、拉钢机、翻钢机、火焰清理机；

(2)工艺性设备：中间包烘烤装置、吹（脱）气装置、保护渣供给、结晶润滑装置；

(3)自动控制与测量仪表：结晶器液面测量、测温测压等仪表。

图1-24 连铸设备的主要分类

1.8.1 钢包及其承运设备

钢包又称钢水包、盛钢桶等，是盛装和运载钢水的浇铸设备。钢包除作为盛装钢水容器外，还具备对钢水进行调温、精炼处理等功能。钢包主要由钢包本体（外壳、加强箍、耳轴、倾翻装置部件组成）、耐火衬和水口启闭控制机构等装置组成，如图1-25所示。

钢包的外壳一般是由锅炉钢板焊接而成，桶壁和桶底钢板厚度分别在14~30mm和24~40mm之间，为了保证烘烤时水分顺利排出，在钢包外壳上钻有一些直径为8~10mm的小孔。大型钢包还安有底座。钢包外壳腰部焊有加强箍和加强筋，耳轴对称地安装在加强箍上。

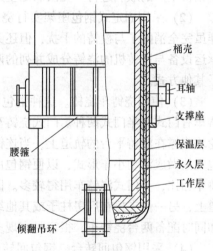

桶壳
耳轴
支撑座
保温层
永久层
工作层
腰箍
倾翻吊环

图1-25 钢包结构示意图

钢包内衬一般由保温层、永久层和工作层组成。保温层紧贴外壳钢板，厚10~15mm，主要作用是减少热损失，常用石棉板砌筑；永久层厚30~60mm，为了防止钢包烧穿事故，一般由一定保温性能的黏土砖或高铝砖砌筑；工作层直接与钢液、炉渣接触，受到化学侵蚀、机械冲刷和急冷急热作用及由其引起的剥落。

钢包通过滑动水口（见图1-26）开启、关闭来调节钢液注流。靠下滑板带动下水口移动调节上下注孔间的重合程度控制注流大小。驱动方式有液压和手动两种。

钢包的容量应与炼钢炉的最大出钢量相匹配。为了减少热量的损失和便于夹杂物的上浮，钢包的高宽比（砌砖后深度 H 和上口内径 D 之比）一般为（1:1）~（1.2:1）；为了吊运的稳定，耳轴的位置应比满载重心高200~400mm；为便于清除残钢、残渣，钢包桶壁应有10%~15%的倒锥度，大型钢包桶底应向水口方向倾斜3%~5%。

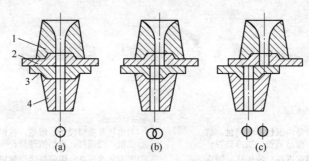

图 1-26 滑动水口控制原理

(a) 全开；(b) 半开；(c) 全闭

1—上水口；2—上滑板；3—下滑板；4—下水口

在连铸机中，支撑和运送钢包进行浇铸的方式，常见的有以下几种：

（1）用铸锭起重机吊着钢包进行浇铸。早期的连铸机多设在模铸跨内，连铸炉很少，生产调度没有什么困难，因此可以借用铸锭起重机，完成钢包的运载。突出的优点是一机多用，经济上合算，操作也方便。这种铸锭起重机就是通用的桥式起重机，属于标准设备，可不必专门设计制造。随着炼钢产量的提高，连铸机台数的增加，这种方式既妨碍车间正常生产的顺利进行又无法满足生产的需要，必须寻找另外的方式。

（2）采用固定式钢包座架实行浇铸。它是配置在连铸机浇铸平台上的专用设备。这样虽完全消除了与模铸的干扰，但还无法解决多台铸机或多炉连浇的需要。通常使钢包的承运设备与连铸机的浇铸分成并列的两跨，以避免操作上的干扰，于是钢包的承运又出现了其他方式。

（3）使用浇铸车浇铸。这种钢包浇铸车也是配置在浇铸平台上的连铸专用设备。浇铸车有门式和半门式两种。门式浇铸车与普通桥式起重机有某些类似点，但浇铸车两侧车轮均支撑在浇铸平台的轨道上，当连铸机不在铸锭跨内时，可把它布置在两跨之间。将钢包支架做成活动小车形式，以便钢包由铸锭跨直接运送到中间包上方进行浇铸。与门式浇铸车相比，半门式浇铸车用得较多。因为半门式浇铸车只有一侧车轮支撑在浇铸平台的轨道上，另一侧支撑在厂房柱子或其他结构上，这样就减轻了浇铸负荷，减少了占用面积。如同时配备两台浇铸车，很容易实现多炉连铸。

（4）采用钢包回转台。钢包回转台是连铸中应用最普遍的运载和承托钢包进行浇铸的设备，通常设置于钢水接收跨与浇注跨柱列之间。目前，我国新建连铸机几乎都采用这种方式。钢包回转台通常设置在转炉出钢跨与连铸跨之间。工作时将钢包从钢水接收跨通过回转臂转到连铸跨的浇铸位置并支撑钢包进行浇铸。浇完的钢包将从连铸跨返回到钢水接收跨，同时回转的另一端盛满钢水的钢包又转到浇铸位置进行浇铸，实现多炉连浇。换包只需转半周，时间可缩短到 40~50s。这样，在换包时，可不降低拉速。通常事故包放在接收跨回转台受包位置下部，便于接收事故钢水。但回转台结构较复杂，并且一座回转台只能为一台连铸机服务。

1.8.2 钢包回转台

钢包回转台是炼钢厂的关键设备，位于炼钢跨和连铸跨之间，用于承接钢包并实现连续浇铸。其作用是将炼钢跨送来的盛满钢水的钢包送至连铸跨的浇铸位置，钢水浇铸完后，通过转台的回转，将空包送回炼钢跨。当钢水浇铸结束后，经设备旋转将空钢包送回炼钢跨，同时将新的盛满钢水的钢包送到连铸跨，从而保证连铸机连续浇铸生产。

在近代连铸设备中采用钢包回转台具有如下特点：

（1）它能迅速准确地将载满钢水的钢包运送至浇钢位置，并在浇钢过程中支撑钢包。

（2）更换钢包迅速、能适应多炉连浇的需要；发生事故或断电时，能迅速将钢包移至安全位置。

（3）能实现保护浇铸，并通过安装钢水称重装置，浇铸更顺利。

（4）占用浇铸平台面积小，有利于浇铸操作。

由于钢包回转台在连铸生产中被广泛采用，因此其结构的可靠性、安全性，以及制造的合理性、经济性已成为国内许多设计单位关注的问题。

钢包回转台按驱动装置可分为单驱动和双驱动两种，按转臂结构可分为整体摆动式和双臂摇摆式。

图 1-27 所示为双单臂钢包回转台。

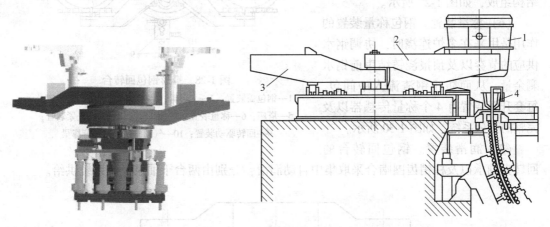

图 1-27　双单臂钢包回转台

1—钢包；2—上转臂及传动装置；3—下转臂及传动装置；4—中间包

图 1-28 所示为双臂摇摆式回转台的一种，又称为蝶式回转台。该回转台的双臂可单独回转、升降，也可以同时回转、升降，是现代钢铁行业应用最为广泛的钢包运载装置。

蝶形钢包回转台组成及作用如下：

（1）钢结构部分，由叉形臂、旋转盘与上部轴承座、回转环和塔座等组成，主要起支撑作用。

（2）回转驱动装置，由电动机、大速比减速机及回转小齿轮组成。回转小齿轮与上部轴承座的柱销齿轮相啮合。回转台的旋转通常大于 60s/圈，如旋转速度高，则在起动及制动时会使钢包内的钢水产生动荡，甚至溢出。

（3）事故驱动装置。钢包回转台一般都设计配有一套事故驱动装置，以便在发生停电事故或其他紧急情况而无法用正常驱动装置时，仍可借助于事故驱动装置将处于浇铸位置的钢包旋转到事故存放位置。事故驱动装置通常是气动的，由气动马达代替电动机驱动大速比减速机及其他部分。

（4）回转夹紧装置，是使钢包固定在浇铸位置的机构，它一方面保护了回转驱动装置在装包时不受冲击，另一方面保证了正在浇铸钢包的安全。

（5）升降装置。为了实现保护浇铸，要求钢包能在回转台上做升降运动；当钢包水口打不开时，要求使钢包上升，便于操作工用氧气烧水口。同时钢包升降装置对于快速更换中间包也很有利。蝶形回转台的钢包升降装置，是根据杠杆原理设计的，它由一个叉臂、一个升降液压缸、两个球面推力轴承及导向连杆与支撑钢结构组成，如图 1-29 所示。

（6）称量装置。钢包称量装置的作用是用来在多炉连浇时，协调钢水供应的节奏以及预报浇铸结束前钢水剩余量，从而防止钢渣流入中间包。每套升降装置有 4 个称量传感器以及完整的称量系统，如图 1-30 所示。

（7）润滑装置。钢包回转台的

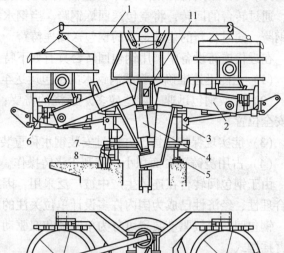
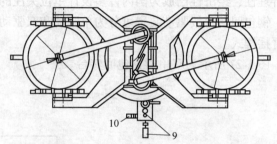

图 1-28　蝶形钢包回转台

1—钢包盖装置；2—叉形臂；3—旋转盘；4—升降装置；
5—塔座；6—称量装置；7—回转环；8—回转夹紧装置；
9—回转驱动装置；10—气动马达；11—背撑梁

回转大轴承以及柱销齿圈啮合采取集中自动润滑，分别由两台干油泵及其系统供给。

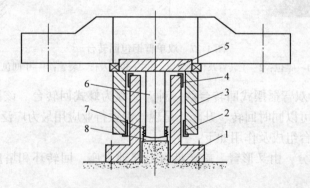

图 1-29　升降装置结构示意图

1—内立栓；2，4—铜瓦；3—外座架；5—承重板；6—液压缸；7—调整螺栓；8—底板

图 1-31 所示为整体转臂式回转台（单驱动式），又称直臂式钢包回转台。直臂式钢包回转台的两个钢包支撑在同一直臂的两端，同时作旋转和升降运动，一般来说，没有升降功能的回转台多采用这种形式，但也可在直臂的两端设置升降装置。凡是钢水需要过跨的连铸机，一般都选用这种回转台。

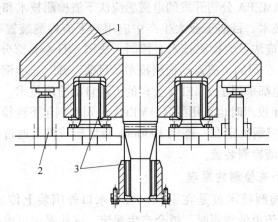

图 1-30　称量装置结构示意图

1—横梁；2—压力传感器；3—橡胶块

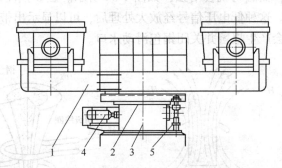

图 1-31　直臂式回转台结构示意图

1—直臂；2—止推轴承；3—底座；4—驱动装置；5—定位装置

多功能回转台是指带有吹气调温、钢包加盖、钢包倾翻以及快速更换中间包等功能之一的钢包回转台。钢包回转台由回转部分、固定部分、润滑系统和电控系统所组成。正常工作时由电力驱动，发生故障时马达开始工作，以保证生产安全。转臂的升降用机械或液压驱动，为保证回转台定位准确。驱动装置设有制动和锁定机构。

1.8.3　钢包下渣检测系统

1.8.3.1　电磁线圈检测法

在连续铸钢的生产过程中，当钢包中含氧化铁、氧化锰和氧化硅的炉渣流入中间包以后，会造成钢水中铝和钛等易氧化合金元素的烧损，并产生氧化铝夹杂物，影响钢水的纯净度，并最终造成冷轧钢板的表面质量问题；此外，钢水中的氧化铝夹杂物还会造成水口堵塞，影响结晶器内的流场以及中间包连浇炉数。为了避免钢包中的炉渣进入中间包，在生产对钢质纯净度要求非常严格的钢种如汽车板时，有些钢厂采用钢包留钢操作，这样虽然满足了质量要求，但钢水的收得率低。传统的通过目视来判定钢包下渣的方法误差大，由于每个操作工的经验都不一样，有的明显提早关闭滑板，有的在明显下渣时才关闭滑板，这样钢水质量波动大。

为了有效控制连铸过程的钢包下渣，国外一些公司开发了钢包下渣自动检测装置，比较有代表性的是德国 AMEPA 公司开发的电磁感应法下渣检测技术和美国 ADVENT 公司开发的声振法下渣检测技术。目前工业大生产中应用的下渣检测装置中 90% 以上采用的是 AMEPA 公司的电磁感应法下渣检测技术。德国、法国、日本大部分连铸机于 20 世纪 90 年代初采用了 AMEPA 公司的下渣自动检测技术。目前，韩国浦项钢铁公司和中国台湾中钢公司的板坯连铸机也都采用了 AMEPA 公司的下渣自动检测技术。宝钢三期工程二炼钢 1450mm 连铸机 1998 年投产时也采用的是 AMEPA 公司的钢包下渣检测装置，鉴于其良好的运行效果，2002 年宝钢决定在一炼钢 1930mm 板坯连铸机上通过技术改造的方式增加 AMEPA 公司的钢包下渣检测装置。

A　电磁感应法下渣检测的原理

电磁感应法下渣检测技术就是在钢包包底上水口外围装上传感器（一级和二级线圈），当钢液通过接交流电的线圈时，就会产生涡流，这些涡流可改变磁场的强度，由于炉渣的电导率显著低于钢液的电导率，仅为钢液电导率的千分之一，如果钢流中含有少量炉渣，涡流就会减弱，而磁场就会增强，如图 1-32 所示。磁场强度的变化可通过二级线圈产生的电压来检测。这种低电压信号经放大处理后，可以显示出带渣量的多少，达到报警的设定值时系统就会产生报警并关闭钢包滑动水口。

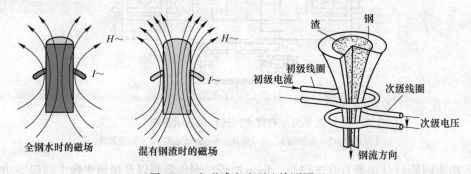

图 1-32　电磁感应法下渣检测原理

传感器的灵敏度、传感器安装精度以及系统的抗干扰能力是获得稳定下渣信号的关键。只有获得稳定的下渣信号，才能确保系统工作的可靠性和精度。

B　影响下渣检测信号的因素

下渣信号的强弱与钢流中的带渣量以及渣在钢流中的分布有关，渣在钢流中的分布状态有 3 种类型（图 1-33）：一是渣位于钢流的中央；二是渣在钢流中均匀分布；三是渣分布在钢流的表面。图 1-33 中列出了 3 种状态下渣信号与渣的比例的关系，可以看出：不管在哪种状态下随着渣的比例的增加，下渣信号也随之增强，也就是说，渣信号与钢流中的带渣量是明显相关的；同时也不难发现，状态 3 的下渣是最容易检测的，很少下渣比例就会产生很强的下渣信号；状态 2 与状态 3 相比下渣信号略差一些；最难检测的是状态 1，下渣比例为 20% 时才能产生约 5% 的下渣信号。据报道，渣在钢流中的分布是很复杂的，不同的钢厂、不同的钢包、不同的工艺条件均可能产生不同的分布状态，因此要精确定量测量出钢流中渣的比例几乎是不可能的。事实上，渣的比例从 0% 上升至 100% 只有几秒钟时间，因此报警值设定在多少已不是特别重要了，重要的是钢包滑动水口的关闭速度。

在钢包浇铸过程中，由于温度的上升，线圈的电压和电流会逐渐变小，但变化的幅度最大不会超过20%；如果变化过大，说明有故障存在如绝缘不良、插头接触不好等。当钢包水口内结瘤时会导致下渣信号变弱，有时下渣信号甚至达不到设定值。另外如果人工提前关闭钢包滑板，也不可能出现下渣信号。有时会过早发生下渣报警，影响因素有：钢渣异常卷入钢流、周围环境的其他信号干扰以及接触不良造成的信号波动等。另据文献报道，钢包水口引流砂的加入状况对下渣检测的信号也会产生一定影响。

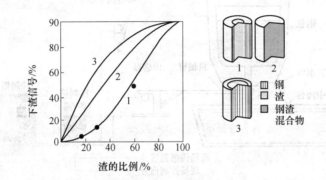

图1-33 渣在钢流中的不同分布对渣信号的影响

C 增加钢包下渣检测装置的改造及运行效果

自2002年9月宝钢炼钢厂一连铸钢包下渣检测装置正常投入大生产应用后，对于纯净度要求较高的钢种在钢包浇铸末期不用留钢操作了，完全由下渣检测装置自动判定并关闭滑动水口，带来的最明显的效果就是连铸收得率的提高，收得率平均比以前提高0.4%，平均每炉钢可减少留钢约1t。中间包连浇8炉后，渣层厚度不超过50mm。同时减轻了钢包操作工的劳动强度，改善了操作工的工作环境。传感器的安装位置示意图如图1-34所示。

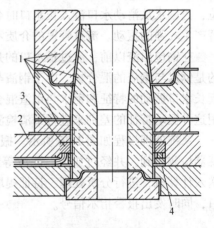

图1-34 传感器的安装位置示意图
1—钢包耐火材料；2—包底部的外壳；
3—传感器；4—固定传感的装置

1.8.3.2 振动式检测方法

在连铸生产过程中，当钢包浇铸即将结束时，浮于钢水表面的钢渣因旋涡作用而混着钢水经长水口流进中间包。过量的钢渣不仅会降低钢水的纯净度，影响钢坯质量，甚至导致拉漏事故，而且会影响钢水流动及减少中间包连浇炉数，同时还会加速中间包耐火材料的腐蚀，缩短其使用寿命，影响连铸生产的进行。

为了提高中间包钢水的纯净度、改善铸坯质量、减少钢包中残钢量、延长中间包耐火材料寿命、增加连浇炉数等，均有必要对连铸钢包浇铸后期进行下渣自动检测与控制。目前，比较成熟的产品主要采用电磁线圈检测法。这种方法把传感器置于高温的钢水附近，需要频繁更换传感器，这样产品的使用和维护成本较高，同时这种方法需要对全部钢包或中间包等设备进行局部的改造，费用高昂。

A　系统的基本组成及下渣检测原理

本系统采用振动检测原理,传感器安装在操纵杆上,离钢水较远,环境温度不高,对设备的改动很少,安装、使用和维护方便,投资和使用成本低。

图 1-35 所示为连铸钢包下渣检测与控制系统结构原理,整个系统主要由安装在机械臂上的振动传感器、控制箱、控制柜,以及报警指示灯等组成。

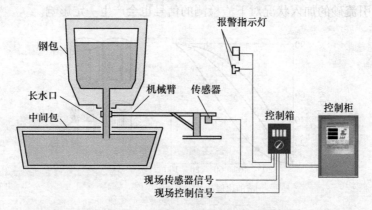

图 1-35　连铸钢包下渣检测与控制系统结构原理

钢水从钢包通过滑动水口、长水口流入中间包过程中,滑动水口是管路中的收缩部位,当钢水从滑动水口流入长水口时会产生瞬变过程,从而引起长水口和与之相连的机械臂产生较强的振动。流过管道的介质不同,引起管道的振动特征也不同。

在钢包出渣以前,流过长水口的是纯净的钢水,而钢包在浇铸快结束时,流过长水口的是钢水与钢渣的混合物。由于钢渣与钢水相比,密度小、熔点高、黏度大,纯净钢水引起长水口振动的特征和钢水与钢渣混合物引起长水口振动的特征具有差别。本系统就是利用这种振动特征的差别来进行下渣检测的。

系统处理过程如图 1-36 所示。振动由长水口产生,经过机械臂传递到传感器,由传感器检测得到,并经过放大、滤波等预处理,然后由采集卡采样、A/D 转换成数字信号送入计算机,进行分析处理、特征提取和模式识别。当有钢渣时系统自动优化关闭滑动水口,同时发出报警指示信号。

图 1-36　连铸钢包下渣检测与控制系统处理过程

B　系统的关键技术及特点

本系统的核心是对振动信号的分析和处理,要能及时、准确地判断是否下渣,并从中提取出钢渣流过长水口时的振动特征参数。连铸浇铸过程中的情况是比较复杂的,系统的关键技术主要有:

(1) 在钢包浇铸过程中,中间包的液位会发生变化,钢水液位的不稳定会影响下渣检测的准确性。但中间包液位的自动控制在连铸生产中也是一个难点,有关学者在研究和开发本系统的过程中，同时成功地开发研制了"连铸中间包液位自动控制系统"，在宝钢炼钢厂取得了成功的应用，系统性能稳定，工作可靠，响应时间小于1s，超调量小于0.6t，稳态控制精度小于0.2t，综合性能优于国外引进设备。

（2）在连铸生产现场存在很多的环境振动。由于机械臂是固定在中间包车上的，现场其他的操作引起中间包车的振动同样会对机械臂的振动有所影响。另外，连铸现场中的环境噪声很大，这同样也会对振动信号的采集造成一定的影响。因此，直接检测的机械臂的振动信号中，包含了大量干扰信号，如果不经过处理，很难识别下渣的振动特征。所以，必须对从机械臂上采集的振动信号进行相应的分析处理以后，才能实现对钢渣信号的分辨，以达到下渣检测的目的。

（3）连铸生产的各环节相互耦合，生产计划和调度也会变化，在生产过程中钢包和中间包需要不断地更换，同时还有不定期的检修等。这些情况增加了自动控制系统的复杂度，要让系统能在无人操作的情况下全自动地连续运行，必须要能对连铸各种工艺情况进行识别，本系统很好地解决了这个问题，真正实现了全自动下渣检测与控制。

本系统具有如下特点：

（1）系统能全自动运行，不需要人为操作，能根据连铸工艺条件（包括更换中间包和钢包以及定修等情况），自动地执行相应的功能步骤；

（2）基于谐振原理进行钢渣检测；

（3）具有很强的抗干扰性能；

（4）现场具有自动/手动切换功能；

（5）系统用户界面友好，易于操作，不需较长的培训过程；

（6）系统具有故障监控功能，检测线路发生任何故障都能很快检测出来并报警；

（7）可通过系统界面方便设定混渣量报警限等参数；

（8）具有历史数据查看、浏览、打印等功能。

C 识别模型及软件系统的介绍

a 识别模型

本系统所使用的识别模型是以模糊聚类理论为基础的软聚类方法。所谓的聚类是按一定的标准对事物进行分类的数学方法，就是根据实际情况，按一个标准来鉴别事物间的接近程度，并把彼此接近的事物归为一类。同时由于客观事物之间存在模糊界限，事物的分类、分级就伴随着模糊性，这样，就需要将模糊数学中有关概念与方法引入聚类分析中，建立模糊相似关系，进而将客观事物进行分类、分级。

特征模板库中的各个模板称为参考模板，将其分为 m 类，即存在 m 个聚类模板：$V = \{V_1, V_2, V_3, \cdots, V_m\}$，各聚类模板都有 n 个特征 $V_i = \{V_{i1}, V_{i2}, V_{i3}, \cdots, V_{in}\}$（$i = 1, 2, \cdots, m$），因此 m 个聚类模板的特征组成一个 $m \times n$ 特征矩阵 V。

在线实时测量数据建立的模板称为测试模板，它具有与参考模板相同的特征数量，即 n 个特征值，$T = \{T_1, T_2, T_3, \cdots, T_n\}$。

在此基础上求测试模板 T 隶属于参考模板 V 中 m 类的隶属度 $A = \{A_1, A_2, A_3, \cdots, A_m\}$，测试模板属于第 i 类的隶属度 $A_i = \{a_{i1}, a_{i2}, a_{i3}, \cdots, a_{in}\}$（$i = 1, 2, \cdots, n$）。

在实际应用时，钢包在浇铸过程中，以每一炉次的浇铸时间为顺序，将浇铸过程划分为 5 个状态：纯钢水状态（S_1）→ 旋涡扰动状态（S_2）→ 含渣量 10%状态（S_3）→ 含渣量 20%状态（S_4）→ 含渣量 30%状态（S_5）。根据隶属度来判定当前时刻的测试模板 T 隶属于哪一类，即当前时刻浇铸过程处于哪个状态。但是由于每个钢包浇铸过程发生的时间不同，而且每个浇铸过程的状态也不同，同时受到很多因素的影响，如果直接采用固定的隶属度来判定，其效果不可能很好，所以必须根据当前浇铸过程的各种情况对隶属度进行修正，从而克服外在因素的影响，提高检测的准确性。

b 软件系统介绍

连铸钢包下渣检测与控制系统的软件系统采用模块化的设计方法，整个软件系统主要由 6 个模块组成：数据采集模块、数据处理模块、模式识别模块、系统控制模块、界面控制模块、资源管理模块。软件系统模块组成如图 1-37 所示。

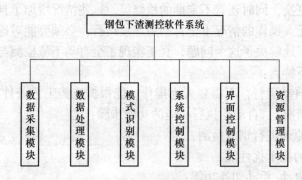

图 1-37 软件系统模块组成

软件系统控制界面如图 1-38 所示。

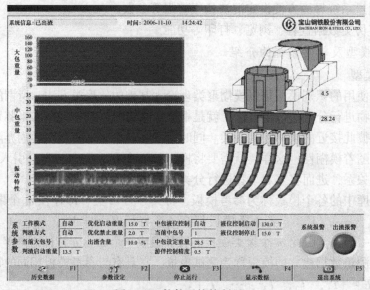

图 1-38 软件系统控制界面

D 系统的应用及效果

该系统自 2006 年 9 月在宝钢炼钢厂取得了成功应用后，在钢包浇铸末期不再需要操作工人工判渣，完全由下渣检测与控制系统自动判渣并优化关闭滑动水口，系统性能稳定，工作可靠，带来的最明显的效果就是减少了钢包残钢量，提高了产品收得率和钢水纯净度，改善了产品质量，钢包连浇 10 炉后，中间包渣层厚度不超过 15cm。同时减轻了钢包操作工的劳动强度，改善了操作工的工作环境。

1.8.4 中间包系统

1.8.4.1 中间包

中间包简称中包，是连铸工艺流程中位于钢包与结晶器之间的过渡容器，接收钢包浇铸的钢水，再经中间包水口分配到各个结晶器。起到稳定钢水流量、去夹杂、分流和保证钢水连续浇铸的作用。做好浇铸准备的中间包，通常都放在烘烤位置的中间包承运小车上。欲浇铸时，中间包小车开到浇铸位置，使中间包水口对准结晶器。这样，钢包里的钢水通过中间包注入结晶器，如图 1-39 所示。

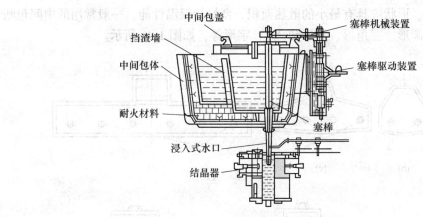

图 1-39　中间包的主要结构部分

中间包是钢包与结晶器间的一个中间容器（图 1-40）。为此，在中间包里应保持有一

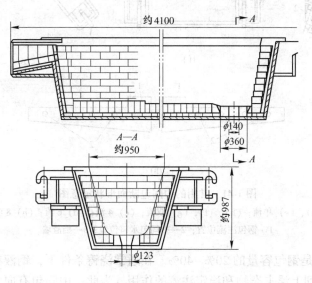

图 1-40　中间包

定的钢液深度，以便保证钢水能在较小和稳定的压力下平稳地注入结晶器，减少钢流冲击所引起的飞溅或紊流，进而可获得稳定的钢液面。同时，钢水在中间包内停留的过程中，非金属夹杂物有机会上浮。在多流连铸机上，又要通过中间包将钢水分配给每个结晶器。在多炉连浇时，中间包还能储存一定量的钢水以保证更换钢包时不停浇，为实现多炉连浇创造条件。同时，可在中间包里加入需要的某些合金元素实行钢水的冶金处理。可见，中间包的作用是减压、稳流、除渣、储钢分流和实行中间包冶金。

因此，设计中间包时，应满足下述工艺要求：

（1）稳定钢流，减少钢流对结晶器的冲击和搅动，稳定浇铸操作。

（2）均匀钢液温度和成分。

（3）使脱氧产物和非金属夹杂物分离上浮。

（4）多炉连浇换钢包时起缓冲作用。

（5）在多流连铸上，尤其是多流方坯连铸机上起分流作用。

中间包的结构、形状应具有最小的散热面积，良好的保温性能。一般常用的中间包断面形状为圆形、椭圆形、三角形、矩形和"T"字形等，如图1-41所示。

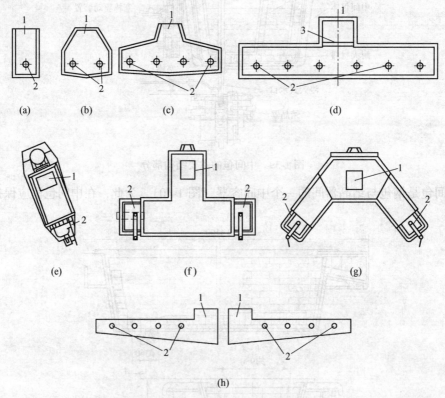

图 1-41 常用的中间包断面形状示意图
(a), (e) 单流；(b), (f), (g) 双流；(c) 4流；(d) 6流；(h) 8流
1—钢包注流位置；2—中间包水口位置；3—挡渣墙

中间包的容量是钢包容量的20%~40%。在通常浇铸条件下，钢液在中间包内应停留8~10min，才能起到上浮夹杂物和稳定注流的作用。为此，中间包有向大容量和深熔池方

向发展的趋势，容量可达60~80t，熔池深为1000~1200mm。

中间包容量应与存储钢包量相匹配。根据钢液存储数量，可以计算出中间包的容积，以确定其他各部位尺寸。中间包内型尺寸主要有高度、长度、角度、宽度。

1.8.4.2　中间包车

中间包车是中间包的支撑、运载工具。它设置在连铸浇铸平台上，为实现多炉连浇，可实施快速更换中间包的操作。通常每台连铸机配备两台中间包车，对称布置在结晶器两边，当一台浇铸时，另一台处于加热烘烤位置。在浇铸前，中间包车载着预热好水口的中间包开到结晶器上方，对准结晶器中心位置即可开浇。浇铸完毕或发生事故不能继续浇铸时，中间包车可迅速离开浇铸位置。

中间包车具备运行功能、升降功能、对中功能、称量功能等。在浇铸平台上能准确地向浇铸位置运载中间包；能快速更换中间包；便于中间包水口和结晶器对中，纵、横向微调方便、准确；在采用保护浇铸时，中间包具有升降机构，便于装卸浸入式水口；在结构上便于观察结晶器液面和保护渣的操作；承载装置的构件能耐长时间的热负荷而不变形。

按轨道布置及水口相对主梁位置，中间包车的类型可分为门型中间包车、半门型中间包车、悬臂型中间包车、悬挂型中间包车。其中，门型中间包车最为常用。

门型中间包车的轨道铺设在浇铸平台上，并布置在结晶器内外弧的两侧，车子骑在结晶器的上方。中间包车主要由中间包车车体、走行装置、升降装置、对中装置、称量装置、长水口机械手、溢流槽及其台车、电缆拖链、润滑装置及操作用台架等组成。

A　中间包车车体

中间包车车体是钢板焊接的框架结构，它有两个焊接的沟形梁，并与一个铰接安装的横向构件相连接。此种形式的车体车架短，能使中间包浸入式水口周围具有足够的空间，不阻挡视线，便于对结晶器内钢水情况进行监视、在结晶器内取样、加保护渣以及去除结晶器内残渣等浇铸作业。

B　走行装置

每台中间包车通常配备有两套电气机械走行传动装置，每套传动装置由一个交流马达、一个齿轮减速箱装置、一个联轴节和双闸瓦制动器组成，这两套走行传动装置都布置在该中间包车背侧，并配备了防止钢水飞溅和热辐射的保护装置。车配有四个双轨轮，每个双轨轮装有球面滚柱轴承。其中两个双轨轮与主传动装置相连接，起横向约束和导向作用。

C　升降装置

升降装置是使中间包上升、下降的机构。此装置通常由支撑着中间包的两个横向支撑框架和4台滚珠丝杠千斤顶及其电气机械传动装置等组成。滚珠丝杠千斤顶分布于中间包车前后四个角，由一个AC马达和离合器、抱闸及齿轮传动装置共同组成，由一个单一的升降传动系统来驱动。

D　对中装置

中间包水口的安装位置中心线与结晶器厚度方向上的中心线往往存在误差或浇铸板坯厚度变化时，需要调整水口位置，因而设有对中微调机构。在中间包车的前梁上设有两个对中传导装置，由马达驱动蜗轮蜗杆减速箱，再带动蜗轮蜗杆、丝杆千斤顶做水平移动，则丝杆推拉中间包横向支撑框架在提升柱的辊子上做前后调整移动。

E 钢包长水口操作装置

长水口操作装置是将钢包长水口安装在钢包滑动水口上，并使其压紧在水口上的机构。该装置还可以对钢包长水口进行更换；浇钢时，长水口可以随钢包滑动水口的开闭而移动。

F 溢流槽及其台车

发生某些事故时，中间包内钢水会因液面过高而溢流。为了保护设备不受损害，中间包上设有专门溢流口。在操作平台上，回转台的一个边根据高度不同还设有溢流包、溢流槽，溢流的钢水可直通事故钢包。中间包车的溢流槽是介于中间包溢流口与操作平台上的溢流槽之间的设备，它设置在溢流槽台车上。溢流槽台车有四个车轮，台车一端挂在中间包车的车架上，可以随中间包车行走。

1.8.5 结晶器及其相关设备

结晶器是连铸机核心，称为连铸设备的"心脏"。从中间包留下的钢水通过结晶器的水冷铜板形成一定的坯壳，并被连续地从结晶器下口拉出，进入二冷区。

结晶器是一个强制水冷的无底钢锭模，是连铸机中的关键部件。为满足工艺要求，一个设计合理、选材合适的结晶器应具备以下性能：

(1) 具有良好的导热性、耐磨性和导磁性；

(2) 具有足够的抗热疲劳强度、刚度和硬度，不易变形和内表面耐磨等优点；

(3) 具有良好的结构刚性和工艺性，易于制造、拆装、调整；

(4) 力求质量轻些，以减少振动时的惯性力；

(5) 结构要简单，便于制造和维护。

1.8.5.1 结晶器的作用

(1) 形成设计要求形状的坯壳外形；

(2) 在尽可能高的拉速下，保证铸坯出结晶器时形成足够厚度的坯壳，使连铸过程安全地进行下去，同时决定了连铸机的生产能力；

(3) 结晶器内的钢水将热量平稳地传导给铜板，使周边坯壳厚度能均匀地生长，保证铸坯表面质量。

1.8.5.2 结晶器的类型

结晶器的形式，按连铸拉坯方向、结晶器内壁断面形状，主要有直结晶器和弧形结晶器两种形式，生产中都有较多应用，各有其优点。直结晶器用于立式、立弯式及直弧形连铸机，而弧形结晶器用于全弧形和椭圆形连铸机上。

按铸坯形状，分为圆坯、矩形坯、方坯、板坯（图1-42）及异形坯（图1-43）等结晶器。

按其结构，分为整体式（图1-44）、套管式、组合式（图1-45）及水平式等结晶器。

对弧形结晶器，两块侧面复合板是平的，内外弧复合板做成弧形的；而直形结晶器四面壁板都是平面状的。

图 1-42 板坯结晶器

图 1-43 异形坯结晶器

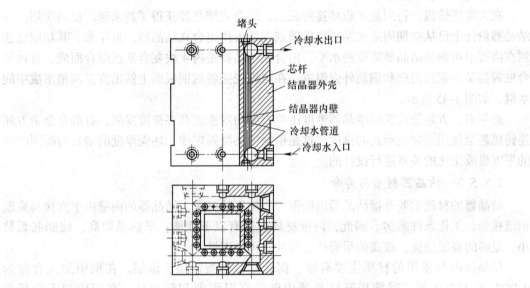

图 1-44 整体式结晶器结构示意图

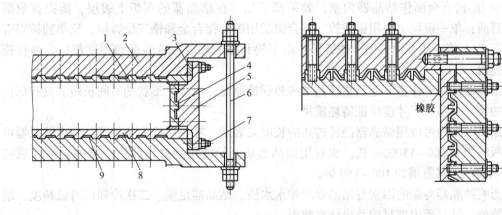

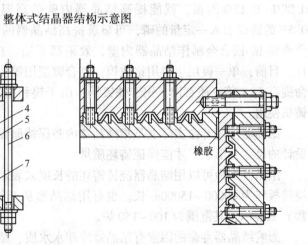

图 1-45 组合式结晶器结构示意图

1—外弧内壁；2—外弧外壁；3—调节垫块；4—侧内壁；5—侧外壁；
6—双头螺柱；7—螺栓；8—内弧内壁；9—一字形水缝

无论是直形还是弧形的结晶器，按结晶器的构造和总体结构均可分为正体式、管式和组合式三种。只是正体式结晶器由于耗铜多、成本高，现在一般都不再使用，而管式和组合式结晶器都广为应用。管式结晶器多应用于小方坯及矩形坯连铸机中，而可调组合式结晶器常用于大型方坯、矩形坯或板坯连铸机上。

管式结晶器有直结晶器和弧形结晶器两种形式。但近年研究和实践证明，方坯连铸，特别是小方坯连铸由于拉坯速度高，钢水中非金属夹杂物来不及上浮。因此，弧形方坯连铸机多采用弧形管式结晶器。

弧形管式结晶器的技术要求，除具备上述结晶器的性能外，还应考虑结晶器的锥度、几何形状的合理性；窄水缝使铜管传热效率高，使铜管外表面散热均匀；铜管的装配、密封应安全可靠，便于维修。

在大型连铸机，特别是在板坯连铸机上，组合式结晶器获得了越来越广泛的应用。在结晶器设计上已从初期固定式结晶器发展到在线可调组合式结晶器。近年来，其功能已达到在浇铸中可调整结晶器宽度的水平。组合式结晶器是内 4 块复合壁板组合而成，每块复合壁板都是由铜质内壁和钢质外壳组成，在与钢壳接触的铜板面上铣出许多沟槽形成中间水缝，如图 1-45 所示。

近年来，方坯管式弧形结晶器锥度由单锥度向双锥度和多锥度发展，有的合金钢方坯连铸机甚至使用抛物线形式的锥度。这是根据铸坯凝固定律，坯壳厚度的增长与凝固时间的平方根成正比的关系进行设计的。

1.8.5.3 结晶器材质与寿命

结晶器的材质主要是指结晶器内壁铜板所使用的材质。结晶器的内壁由于直接与高温钢液接触，工作条件恶劣。因此，内壁材料应具有以下性能：导热系数高，线膨胀系数小，足够的高温强度，较高的耐磨性、塑性和可加工性。

结晶器内壁使用的材质主要有铜、铜合金、铜板镀层、渗层。在铜中加入含量为 0.08%~0.12% 的银，就能提高结晶器内壁的高温强度和耐磨性。在铜中加入含量为 0.5% 的铬或加入一定量的磷，可显著提高结晶器的使用寿命。还可以使用铜-铬-锆-砷合金或铜-锆-镁合金制作结晶器内壁，效果都不错。在结晶器的铜板上镀层，能提高耐磨性。目前，单一镀层主要用铬或镍，复合镀层用镍、镍合金和铬三层镀层，比单独镀镍寿命提高 5~7 倍；还有镍、钨、铁镀层，由于钨和铁的加入，其强度和硬度都适合高拉速铸机使用。

结晶器使用寿命实际上是指结晶器内腔保持原设计尺寸、形状的时间长短。只有保持设计的尺寸、形状，才能保证铸坯质量。

结晶器寿命可以用结晶器浇铸铸坯的长度来表示。在一般操作条件下，一个结晶器可浇铸板坯为 10000~15000m 长。也有用结晶器从开始使用到修理前所浇铸的炉数（或吨数）来表示，其范围为 100~150 炉。

影响结晶器寿命的因素有结晶器冷却水水质、结晶器足辊、二次冷却区对弧精度、结晶器维修、结晶器内壁材质及设计参数等。

1.8.5.4 结晶器的尺寸参数

A 结晶器长度

作为一次冷却，结晶器长度是一个非常重要的参数，结晶器越长，在相同拉速下，出结晶器坯壳越厚，浇铸安全性越好。然而结晶器过于长的话，冷却效率就降低了。根据大量的理论研究和实践经验，对于板坯连铸机来讲，目前通常采用的结晶器长度有两种，即700mm 和 900mm，前者适用于低拉速型铸机，后者适用于高拉速型铸机。

B 结晶器锥度

为了获得尽可能好的一次冷却效果，应最大限度地使坯壳与结晶器铜板保持接触。结晶器铜板内腔必须设计成上大下小的形状，以适应凝固过程的体积缩小，即要有一定的锥度。

锥度过小，铸坯得不到足够冷却，就会发生鼓肚，甚至漏钢；锥度过大，增加摩擦阻力，导致质量缺陷、铜板磨损加快甚至更严重的后果。在日常生产和维修中，必须对结晶器的锥度进行严格控制和管理。

a 宽度方向的锥度

由于铸坯宽度的绝对值大，收缩的绝对值也大。又因为宽面和窄面的面积差异大，钢水静压力作用在宽面和窄面的效果也就有很大差异。结晶器宽度方向上的锥度比厚度方向的锥度更为重要。通常所说的结晶器锥度就是指结晶器宽度方向上的锥度，可用下式来定义：

$$T = \frac{W_t - W_b}{W_b}$$

式中　T——锥度，%；

　　　W_t——结晶器上口宽度，mm；

　　　W_b——结晶器下口宽度，mm。

铸坯的收缩是与拉速有关的，在理论上，结晶器锥度应该根据拉速变化而变化。实际上时时变化是不可能的，通常将拉速分为两个档次，再确定相应的锥度，见表 1-1。

表 1-1　拉速与结晶器锥度的关系

拉速/m·min^{-1}	结晶器锥度/%
≤1.2	0.8~1.0
>1.2	0.6~0.9

注：适应于 700mm 长的结晶器。

b 厚度方向的锥度

由于作用在宽面上的钢水静压力可以使钢坯与铜板接触良好，因此厚度方向的结晶器锥度不如宽度方向上的锥度那么敏感。通常厚度方向上的结晶器锥度取 0.5% 即可。

在实际生产中，可通过控制结晶器上、下口厚度公差来保证锥度，见表 1-2（结晶器长度 700mm）。

表 1-2　结晶器厚度尺寸和上下偏差

铸坯名义厚度/mm	结晶器厚度尺寸/mm	
	上　口	下　口
170	$174^{+0.3}_{0}$	$174^{0}_{-0.5}$
210	$214^{+0.3}_{0}$	$214^{0}_{-0.6}$
250	$254^{+0.3}_{0}$	$254^{0}_{-0.8}$

C 结晶器宽度

结晶器宽度的设定要考虑液态钢到完全凝固以及冷却到常温的所有收缩量。根据钢的成分以及连铸机型等因素，这种总的收缩取 1.3%~2.5% 为宜，普通深冲钢可取 1.5%。

结晶器上、下口宽度尺寸可由下式计算：

$$W_t = W_s(1 + 1.5\%)$$
$$W_b = W_s(1 + 1.5\% - T)$$

式中　W_t——结晶器上口宽度；

　　　W_b——结晶器下口宽度；

　　　W_s——铸坯名义宽度；

　　　T——结晶器的锥度。

1.8.5.5 结晶器足辊

结晶器足辊（图 1-46）设于结晶器的下方用以支撑和导向来自结晶器的铸流，分为宽面足辊和窄面足辊。足辊是结晶器的重要组成部分，要求与结晶器有严格的对中，在振动时与结晶器一起振动。在结晶器与辊子之间及辊子与辊子之间设有冷却喷嘴，以对铸坯进行喷淋冷却。

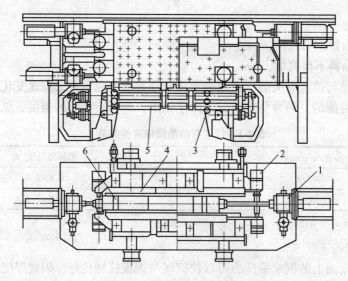

图 1-46 带足辊组合式直结晶器

1—调宽机构；2—夹紧液压松开机构；3—侧导辊；4—宽边铜板；5—足辊；6—窄边铜板

1.8.5.6 软夹紧装置

软夹紧装置是在内弧宽面铜板与结晶器支撑框架之间安装的 4 个宽面夹紧装置。每个夹紧装置由 1 个液压缸、1 个碟形弹簧包、1 个丝杠螺母、1 个蜗轮蜗杆传动装置和 1 个测力计组成。

上、下两组液压缸可以独立调整压力，以满足因结晶器上部钢水和下部钢水静压力不同所需相应的对宽面铜板的夹紧力。

上、下两组液压缸所需的液压压力，各通过一组液压线路，并通过液压传输器和比例阀等液压设备来提供。

软夹紧装置的主要功能是：浇钢时，提供必要的夹紧力，使4块钢板紧靠在一起；阻止因宽面受膨胀而产生的铜板变形；在线调宽时，减轻夹紧力，以便窄面铜板在摩擦力尽可能小的情况下移动，以减少对铜板的刮伤；能使结晶器打开一个缝，以便于装引锭杆、更换结晶器窄面及清除结晶器铜板缝间杂物。

软夹紧装置的工作原理是：通过手动操作蜗轮蜗杆及丝杆螺母传动装置对碟形弹簧设定预紧力，使压力稍高于施加在结晶器内壁铜板上的钢水静压力，把4块铜板紧靠在一起。再由液压缸调整施加在铜板上的弹簧力，来适应由于浇铸时调宽引起钢水静压力的变化而需要相应改变的夹紧力。测力计是专门用来测量夹紧力的，如加上反馈功能，则可形成一套闭环控制系统。

1.8.5.7 快速更换台

结晶器及振动发生机构和结晶器、零段等三台设备是一起被支撑在一个独立的基本台架里，这个台架称为快速更换台架。它可以连同上述三种设备一起快速拆离铸机或安装在铸机上，以便作为一个总体部件进行维护或修理。在漏钢时，可以迅速处理事故，使结晶器、支撑导向段离线进行清理、维护，并对设备情况进行检查。采用快速更换台可以大大提高铸机的作业率。

1.8.6 结晶器振动装置和在线调宽

1.8.6.1 结晶器振动装置

结晶器振动装置用于支撑结晶器并使其沿铸机半径做近似圆弧的上下往复振动。连续浇铸中一直进行这种振动，以防止坯壳与结晶器粘接而被拉裂，并有利于保护渣在结晶器壁的渗透使结晶器得以充分润滑和顺利脱模。可以看出，结晶器振动装置在连铸中起到重要作用。在连铸过程中它使结晶器按照一定的轨迹运动，减小了坯壳与结晶器铜板间的黏附力，不仅起到了"脱模"的作用，防止了初生坯壳表面产生过大应力而产生裂纹或"漏钢"等严重后果，也有助于消除坯壳表面裂痕，以提高铸坯表面质量。

结晶器振动装置采用电机驱动（图1-47）或液压驱动（图1-48）两种。在控制系统控制下，按照工艺要求，结合拉速，控制结晶器按照一定的频率、振幅、负滑脱时间、正滑脱时间及波形偏斜率等上下振动，以得到满足工艺要求的结晶器振动轨迹。

图1-47 电机驱动振动结晶器   图1-48 液压驱动振动结晶器

结晶器振动装置的技术要求是:

(1) 有效地防止坯壳与结晶器壁的黏结,并且使铸坯有良好的表面质量。

(2) 应尽可能有一个接近理论轨迹的运动,振动速度的转变应缓和,不应产生过大的加速度,以免造成冲击振动和摆动。

(3) 设备的制造、安装和维护要方便,运行可靠。

根据以上对结晶器振动的几点主要技术要求,按结晶器振动运动速度的变化规律,常见结晶器振动方法有以下几种:同步振动(结晶器下振动速度=拉速,上振动速度=3倍拉速)、负滑脱式振动(下振动速度>拉速)、正弦式振动(振动速度按正弦规律变化)、非正弦振动。

结晶器振动机构的类型有导轨型、长臂型、差动齿轮型、断臂形四连杆和四偏心振动机构。近年来,振动机构多采用短臂四连杆和四偏心振动机构。图 1-49 所示为结晶器振动传动简图。

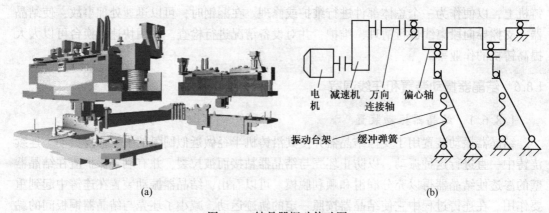

(a)　　　　　　　　　　　　　　　　　(b)

图 1-49　结晶器振动传动图

(a) 三维效果图;(b) 传动简图

1.8.6.2　结晶器在线调宽

A　结晶器铜板

结晶器铜板分为宽面铜板与窄面铜板。宽面铜板长度即为结晶器的长度,窄面铜板的宽度就是铸坯的厚度。浇铸不同厚度板坯时,需要更换结晶器的窄面。直结晶器的宽面铜板与窄面铜板一般均为平面。弧形结晶器的宽面铜板一般为与浇铸半径相一致的弧面,窄面铜板的表面形状呈平直状态,其侧面为与宽面铜板相符合的弧面。

B　结晶器调宽装置

调宽装置是在结晶器的每个窄面中心线的上、下两个部位各安装一套蜗轮丝杆伺服马达,并带有位置控制器。每一个蜗轮传动轴跟伺服马达相连接。在自动调宽时,结晶器两个窄边的 4 套蜗杆伺服马达传动装置驱动两个窄边相向或反向同速运行,实现调宽所要达到的宽度。可以在浇铸前将结晶器调整到所要求的宽度,也可以边浇铸边改变结晶器的宽度,即在线调宽。

C　改变宽度的 VWM 技术

为了克服过去连铸宽度不同的板坯需改变结晶器宽度而断浇(降低生产率)的缺点,

钢铁厂家开发了在浇钢过程中移动结晶器窄边而改变其宽度的技术 VWM（Variable Width Mold）。

采用 VWM 可连续浇铸宽度不同的铸坯，大大提高了多炉连浇比率和生产效率。一般的调宽方法有 3 种：平移结晶器窄边、反复改变窄边的锥度、窄边的平移与改变锥度相结合。

结晶器的调宽实际上就是窄边的移动过程。研究和实践表明，为了减小窄边的运动阻力和铸坯与结晶器间的气隙，窄边在移动中须尽可能保持有一定锥度的倾斜。如上述第三种方法就是进行的窄边 3 步调宽法：第 1 步改变锥度、第 2 步平移、第 3 步锥度复原，如图 1-50 所示。

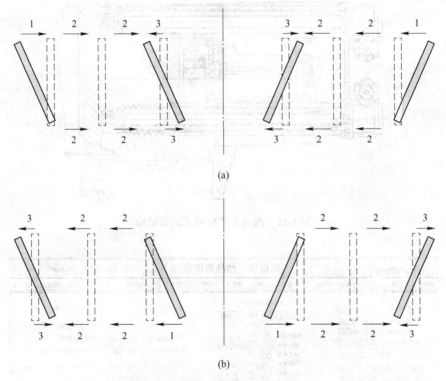

图 1-50 结晶器铜板的移动过程
(a) 宽度减小过程；(b) 宽度增加过程
1—调锥为零；2—平行移动；3—调锥

结晶器调宽的形式共有两大类：一类是液压式调宽，另一类是机械式调宽。机械式调宽分为手动机械式调宽与电动机械式调宽。

由于液压式调宽装置采用了内置位移传感器的液压缸，并采用了比例伺服阀控制的液压系统，实现了远程调控、在线监测、动态补偿、正反双向精确调整定位、定位后的位置可靠控制。液压系统的缺陷是油液清洁度要求高，维护要求高。板坯连铸浇铸时与液压式调宽同步工作，工作时间长，安装比例伺服阀阀块的液压缸长期处于恶劣工况下，液压缸和液压阀的内泄会加大，长时间投产后系统的可靠性大幅降低。周围环境中的粉尘一旦被带入液压系统就会卡阻比例伺服阀，造成系统无法正常工作。

相比较于液压式调宽，机械式调宽仅是在调整时运动，离线调整时空载、在线调宽时负载工况下耗时 10min 左右，浇铸时靠机械自锁达到定位后的位置锁定，无需部件的动作。

比较两者，液压系统的缺陷是可靠性不高，维护保养液压系统困难且成本高，同时更显出液压式调宽消耗能源更多，机械式调宽仅需极少的能源。

现在钢厂广泛使用的机械式调宽主要是采用了分体调隙梯形丝杠螺母副与单蜗杆单蜗轮减速机两种组合的结构，从而达到了轴向受力后机械稳定自锁轴向位移不变，实现高可靠性的目的。主要的机械式调宽国外厂商有奥钢联，西马克也是同样的原理结构，如图1-51 所示。图 1-52 所示为中冶连铸的调宽主画面。

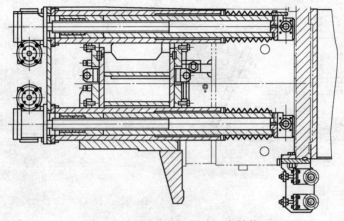

图 1-51 西马克的机械式调宽结构

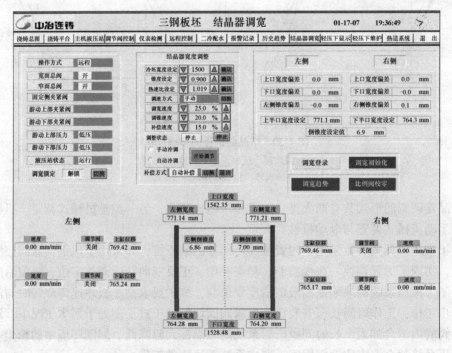

图 1-52 中冶连铸的调宽主画面

1.8.7　二次冷却装置

二冷区设备（图1-53）是指结晶器以下到切割辊道前的区域，以往将其区分为二次冷却装置和拉坯矫直装置两部分。二冷区设备常称为扇形段，从上到下一般称为弯曲段、弧形段、矫直段、水平段。它对铸坯质量有着关键性的影响。它的主要作用为支撑、导向、冷却、拉坯。

连铸工艺对扇形段和拉矫机的要求是：二次冷却区支导装置在高温铸坯作用下有足够的强度和刚度；结构简单，调整方便，能适应改变铸坯断面的要求，能快速处理事故；能按要求调整二次冷却区水量，以适应改变铸坯断面、钢种、浇铸温度和拉坯速度的变化。

扇形段、拉坯机由传动系统和工作系统两部分组成。传动系统包括电动机、减速器、万向联轴器。工作系统主要包括机架、拉矫辊及轴承、液压压下装置、冷却系统等。机架用于安放和支撑拉矫辊及其调整装置。

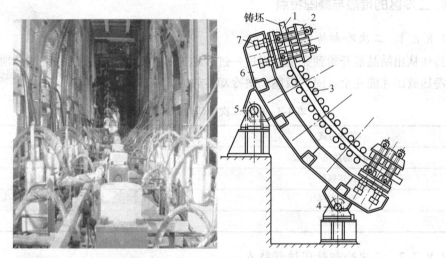

图1-53　二冷区支导装置的底座

1—铸坯；2—扇形段；3—夹辊；4—活动支点；5—固定支点；6—底座；7—液压缸

连铸机拉坯辊速度控制水平影响连铸坯的产量和质量，而拉坯辊电机驱动装置的性能又在其中发挥着重要作用。

二次冷却区通常是指结晶器以下到拉矫机以前的区域，二次冷却装置是连铸机的重要组成部分，它对铸坯质量的好坏有着关键性的影响。因此，它的工艺和结构设计对铸机性能起着至关重要的作用。

从结晶器里出来的铸坯虽已成型，但坯壳一般只有10~30mm厚。坯厚在钢水静压力作用下，产生很大的鼓肚力。它使坯壳有可能产生各种变形，甚至出现裂纹和漏钢。特别是大方坯和板坯更为严重。

设置二冷装置的目的，就是对铸坯通过强制而均匀的冷却，促使坯壳迅速凝固，预防坯壳变形超过极限，控制产生裂纹和发生漏钢；同时支撑和导向铸坯和引锭杆；在直弧形连铸机中，二冷装置还须要把直坯弯曲成弧形坯，进入弧形段；在上装引锭杆的连铸机中，还需在二冷区里设置驱动辊，以驱动引锭杆实现拉坯；对于多半径弧形连铸机，它又起到将弧形坯分段矫直的作用。

二次冷却装置由机架、支撑导向辊、喷水水嘴组成。辊子有内冷和外冷两种形式。二冷室多为房式结构，设有蒸气排出风机管道。

设计二冷区的一般要求是：

(1) 次冷却区的辊列设计必须充分满足生产操作和工艺要求。为了保证铸坯的质量，支撑导向部件的结构和相关参数要合理、先进。

(2) 机械构件刚性要好，长期在高温恶劣环境下工作不变形，基础要牢固。

(3) 二冷装置要保证有良好的调正性能，对弧要简便、准确。应尽量采用离线检修和整体更换，易于安装和事故处理。

(4) 冷却水系统，既要保证有足够的冷却强度，又要保证水质；水嘴要满足工艺要求。

(5) 二冷装置必须有良好的设备冷却系统和润滑系统。

1.8.8 二冷区的传热与凝固特点

1.8.8.1 二次冷却传热特点

铸坯从出结晶器开始到完全凝固这一过程称为二次冷却，带液芯的铸坯必须将其全部凝固潜热放出才能完全凝固。板坯二次冷却传热方式与比例见表1-3。

表1-3 板坯二次冷却传热方式与比例

传热方式	约占比例/%
冷却水的加热与蒸发	55
铸坯辐射	25
辊子传导	17
空气对流	3

1.8.8.2 二次冷却凝固过程特点

喷淋水的传热占主导地位，铸坯中心的热量是通过坯壳传到铸坯表面的。当喷雾水滴打到铸坯表面时就会带走一定的热量，而铸坯表面温度会突然降低，使中心与表面形成很大的温度梯度，而这就成了铸坯冷却的动力。突然停止水滴的喷射，铸坯表面温度就会回升。因此，在二次冷却过程中过度地改变或中断冷却水，会给铸坯表面温度造成很大波动。这种温度变化的速度可达 $100 \sim 400℃/min$，这对于已经凝固的坯壳来讲类似一个热处理过程，铸坯组织反复变化。

喷淋冷却的原理：连铸二次冷却通常采用水为冷却介质，冷却水被施加一定压力，并通过特殊的喷嘴使其"粒化"和"雾化"而形成细小颗粒。这些具有一定颗粒的水滴以一定的速度和冲击力打到铸坯表面，大约有20%的水滴被汽化，它们所带走的热量居第一位，约占33%。其余水滴在吸收铸坯热量的同时，流离了铸坯表面，这部分热量约占25%。

就冷却水本身来讲，影响二次冷却效果因素有：

(1) 水滴速度。水滴速度增加，穿透滞留在铸坯表面的蒸汽膜打到铸坯表面的水滴数量增加，更有可能被汽化，而提高传热能力。水滴速度主要取决于喷水压力，特别是指在喷嘴处的压力，因此，喷嘴的设计及日常维护尤为重要。水滴速度对传热的影响如图1-54所示。

（2）水滴直径。水滴直径越小，水滴个数就越多，雾化程度就越好。这不仅提高传热效率，同时更有利于使铸坯表面温度均匀。水滴直径主要取决于喷水压力和喷嘴直径。

（3）过冷与回热

铸坯表面温度过冷-回热不断变化。喷淋水只能喷到铸坯表面的有限部位，即两个支承辊之间的部位，这两个不同部位铸坯表

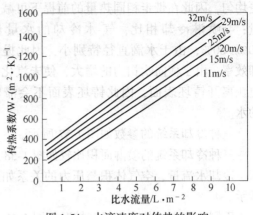

图 1-54　水滴速度对传热的影响

面的温度是不相同的。铸坯是不断运动着的，使上述两个部位的铸坯表面温度不断交替变换，原先与辊子接触的部位随着铸坯向下运动就逐步变成喷淋部位，继而又与下一个支承辊接触。另外，冷却水分布不均匀，铸坯表面温度的波动是由于不良的二次冷却状态所致。这种铸坯温度的下降和回升，在整个二次冷却区内甚至可高达数百度，这会对内外部质量带来严重影响。

（4）二次冷却方式。水冷（喷淋冷却方式），水的雾化仅能靠所施加的压力和喷嘴的特性来决定。喷淋系统又可分为单喷嘴系统和多喷嘴系统两种，如图1-55所示。单喷嘴系统采用的是广角、大流量喷嘴。该系统具有喷嘴数量少、不易堵塞、便于维修等优点。多喷嘴系统是每一排布置多个小角度的喷嘴，其优点是适合对铸坯实施强冷，有利于提高拉速。当然由于喷嘴数量多且孔径小，容易被堵塞，增加维修量。通常一台板坯连铸机同时采用两种冷却系统，即在紧连结晶器部位采用多喷嘴系统，提高冷却强度，而在以后的冷却区段采用单喷嘴系统。

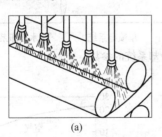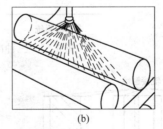

(a)　　　　　　　　　　　(b)

图 1-55　传统的喷水冷却系统

(a) 多喷嘴系统；(b) 单喷嘴系统

（5）气-水混合冷却。气-水混合冷却最重要的特征是由于采用了一种特殊的气-水混合喷嘴，即将压缩空气引入喷嘴，与水混合，从而使这种混合介质在喷出喷嘴后能形成高速气雾，而这种气雾中包含大量颗粒小、速度快、动能大的水滴，因而冷却效果大大改善，气-水冷却示意图如图1-56所示。

气-水冷却的优点：由于介质管道直径和喷嘴孔径增大，堵塞的风险大大减小；流量控制范围大，因此仅一个喷嘴就可适应所有钢种和所有拉速的需要；由于冷却面积更大、

更均匀，因此在带走相同热量的前提下可减少比水量；与喷淋冷却相比，气-水冷却的水量仅为其40%~60%；由于水滴直径特别小，因此提高了冷却效率；由于横向吹扫力的增大，使未汽化的水能更快离开铸坯表面，因此铸坯表面不会滞留多余的水。

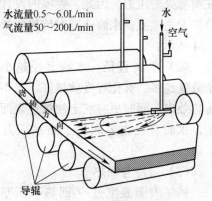

水流量0.5~6.0L/min
气流量50~200L/min

图1-56 气-水冷却示意图

三种冷却系统的参数如图1-57所示。

三种冷却系统的喷淋面积比较如图1-58所示。

冷却水流量、空气体积与压力的关系如图1-59所示。

不同冷却方式的表面温度情况如图1-60所示。

辊径	380mm	380mm	380mm
辊距	420mm	420mm	420mm
铸坯与喷嘴间的距离	200mm	600mm	60mm
喷水角度	45°，全锥式	120°/平射	45°
喷水方向	倾斜或垂直	垂直	平行
喷嘴径芯	1~1.5mm	3~5mm	4~5mm
每对辊间的喷嘴个数（坯宽：2000mm）	多个	1	1

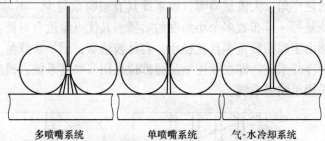

多喷嘴系统　　单喷嘴系统　　气-水冷却系统

图1-57 三种冷却系统的参数

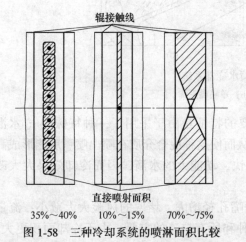

直接喷射面积

35%~40%　10%~15%　70%~75%

图1-58 三种冷却系统的喷淋面积比较

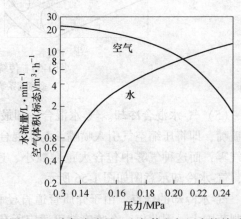

图1-59 冷却水流量、空气体积与压力的关系

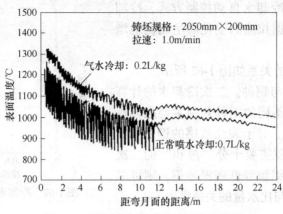

图 1-60 不同冷却方式的表面温度情况

（6）铸坯长度方向上冷却水的分配。在凝固过程中，铸坯中心的热量是通过坯壳传到铸坯表面的，而这种热量的传送随着坯壳厚度不断增加而减小，随着坯壳厚度的增加、传动表面热量的减小，自然冷却水量也应随之减少，即二次冷却水应该沿着铸机高度从上到下逐渐减少。

要使冷却水量连续递减，在实际生产中很难实现，通常就是将二次冷却区分为若干个冷却段，而将总的冷却水量按一定比例分配给各个冷却段。

二次冷却强度沿长度方向上的分配如图 1-61 所示。

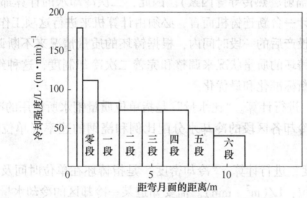

图 1-61 二次冷却强度沿长度方向上的分配

（7）铸坯内外弧冷却水分配。在刚出结晶器的某一确定的范围内，因为冷却段呈接近垂直布置，内外弧冷却水量分配应该相同。随着远离结晶器，对内弧来讲，那部分没有汽化的水会往下流，并沿着下一个支承辊的表面挤向铸坯的两个角部；而对外弧来讲，由于重力的作用，喷射到外弧表面的冷却水都会即刻离开铸坯。随着铸坯越来越趋于水平，各冷却段的内弧与外弧的水量分配比应越来越增大其差别。通常这种内外水量分配比为1:1~1:1.5。

（8）二次冷却水与拉速。在冷却水的计算方面，拉速是十分重要的因素。在二次冷却过程中，在一定的铸机条件下，决定凝固系数 K 值的主要就是冷却强度，即在一定范围内增加冷却强度可加大 K 值。而拉速的变化实际上是改变了凝固时间，也即影响了坯壳厚度。冷却水流量必须随着拉速变化而变化，以保持一个合适的冷却强度。为了实现这一点，通常采用二次冷却水自动控制方式，冷却水的增加和减少是根据拉速的变化而呈比例地增减的。

冷却水量与拉速的关系如图 1-62 所示。

（9）二次冷却水与钢种。二次冷却水的计算必须要考虑钢种，而不同的钢种差别主要是体现在对裂纹的敏感性上。对于裂纹敏感的钢种，如低合金钢、管线钢等就需要十分"温和"的二次冷却；相反，对于全铝镇静低碳深冲钢，则可采用强冷的办法。钢种与比水量的关系见表 1-4。

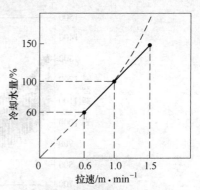

图 1-62 冷却水量与拉速的关系

表 1-4 钢种与比水量的关系

裂纹敏感性		钢种（按裂纹敏感分类）	比水量/L·kg^{-1}
	I	低碳深冲薄板	0.8~1.1
	II	低中碳结构钢	0.7~0.9
	III	船用中厚板	0.7~0.8
	IV	管线钢，低合金钢，[E] >0.25%	0.5~0.7

（10）二次冷却水的计算与调整。由于二次冷却的计算是非常复杂的，要考虑的因素很多（如同时考虑热辐射、热传导等因素）。因此，二次冷却水的计算都要借助于计算机来完成。尤其对于设计一台新连铸机而言，必须由计算机来进行这项工作。二次冷却水各种参数还要在新铸机投产后的一段时间内，根据铸坯的质量情况来不断调整而最后确定。但更重要的是要根据铸坯的质量状况来调整和完善二次冷却制度，这种经验的不断积累，可使二次冷却制度不断标准化和最优化。

1）用"比水量"进行计算。"比水量"是指单位质量钢水所使用的冷却水量，单位：L/kg。需要确定二次冷却各区段的冷却水分配比例和浇钢的速率（单位时间内浇铸钢水量，kg/min）。

2）用"冷却密度"进行计算。"冷却密度"是指铸坯在单位时间及单位面积上所接受到的冷却水量，单位：L/(m^2·min)。需要知道某一冷却区的冷却水量和喷淋面积。

二次冷却计算实例见表 1-5。

表 1-5 二次冷却计算实例

序号	相关二次冷却参数	足辊	"0"段	扇形段 1+2		扇形段 3+4		扇形段 5+6		Σ
				内	外	内	外	内	外	
1	喷淋长度/m	0.3	1.8	3.1		3.75		4.25		13.2
2	喷淋面积/m^2（宽度为 2.1m）	1.26	7.56	6.51		7.88		8.93		
3	冷却密度/L·(m^2·min)$^{-1}$	150	90	60	70	40	50	35	45	

序号	相关二次冷却参数	足辊	"0"段	扇形段 1+2		扇形段 3+4		扇形段 5+6		Σ
				内	外	内	外	内	外	
4	内、外弧水分配比	1:1	1:1	1:1.2		1:1.25		1:1.3		
5	冷却水流量 /L·min⁻¹	190	680	390	460	320	400	310	400	3150
6	各区水分配比/%	6	21.6	12.4	14.6	10.2	12.7	9.8	12.7	100

注：拉速为 1.0m/min。

1.8.9 拉坯矫直装置

所有的连铸机都装有拉坯装置（图 1-63）。因为铸坯的运行需要外力将其拉出，拉坯装置实际上是具有驱动力的辊子，又称为拉坯辊，其带有液压压下油缸。弧形连铸机的铸坯需矫直后水平拉出，因而早期的连铸机的拉坯辊与矫直辊装在一起，称为拉坯矫直机，又称为拉矫机。现代化板坯连铸机采用多辊拉矫机，辊列布置"扇形段化"，驱动辊已伸向弧形区和水平段，实际上拉坯传动已分散到多组辊上，所以拉矫机已不是原来的含义了，而是由一对拉辊变成了驱动辊列系统。弧形连铸机的铸坯由于自重产生下滑力，但它不能克服铸坯的阻力自动运行，仍需拉坯辊拉坯；立式连铸机是垂直布置的，铸坯自重产生的下滑力很大，足以克服铸坯的运行阻力；为了平衡下滑力和控制铸坯拉出速度，也设置了拉坯辊，是用来产生制动力以平衡铸坯的下滑力。

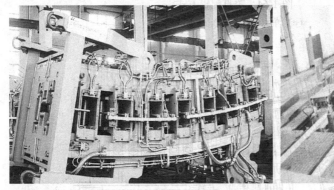

图 1-63　液压拉矫机

（1）对拉坯矫直装置的要求：

1）应具有足够的拉坯力，以在浇铸过程中能够克服结晶器、二次冷却区、矫直辊、切割小车等一系列阻力，将铸坯顺利拉出。

2）能够在较大范围内调节拉速，适应改变断面和钢种的工艺要求，快速送引锭杆的要求；拉坯系统应与结晶器振动、液面自动控制、二次冷却区配水实现计算机闭环控制。

3）应具有足够矫直力，以适应可浇铸的最大断面和最低温度铸坯的矫直，并保证在矫直过程中不影响铸坯质量。

4）在结构上除了适应铸坯断面变化和输送引锭杆的要求外，还要考虑使未矫直的冷铸坯通过，以及多流连铸机在结构布置的特殊要求；结构要简单，安装调整要方便。

（2）拉坯矫直装置的分类。按传动辊的布置方式，拉坯矫直装置可分为：

1）集中拉坯和矫直，它是把拉坯和矫直的传动辊集中布置在矫直拐点处。

2）多辊分散布置的拉坯和矫直，拉坯和矫直的传动辊分散布置在二次冷却区以下很长区域内。

3）其另外一种形式是扇形段化的拉坯矫直，从第二扇形段到最后一段都设有传动辊。

按其矫直方式，拉坯矫直装置可分为单点矫直、多点矫直、渐进矫直和连续矫直等类型，如图1-64和图1-65所示。

带液心铸坯矫直多采用多点连续矫直，即铸坯在矫直区内连续变形，应变力和应变率分散变小，极大地改善了铸坯受力状况，有利于提高铸坯质量。

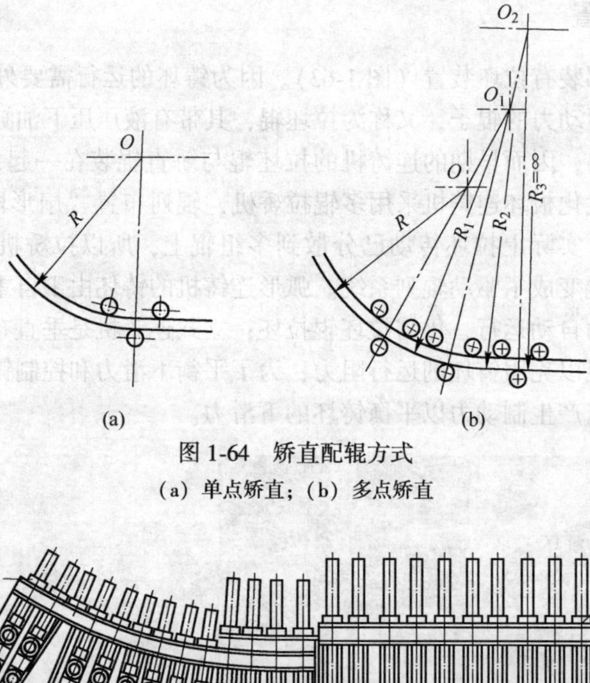

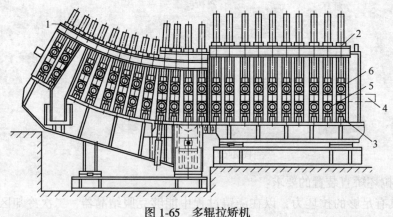

图1-64 矫直配辊方式

（a）单点矫直；（b）多点矫直

图1-65 多辊拉矫机

1—牌坊式机架；2—压下装置；3—拉矫辊及升降装置；4—铸坯；5—驱动辊；6—从动辊

1.8.10 电磁搅拌

连铸电磁搅拌技术是指在连铸过程中，通过在连铸机的不同位置处安装不同形式的电磁搅拌（图1-66），利用所产生的电磁力促使铸坯内钢液流动，从而改善钢液凝固过程中的流动、传热和传质条件，以改善连铸坯质量的电磁冶金技术。

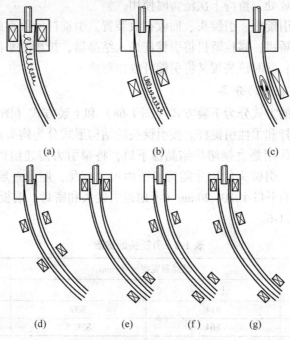

图 1-66　不同形式的电磁搅拌

（a）结晶器电磁搅拌；（b）二冷区电磁搅拌；（c）二冷区电磁搅拌（单侧）；

（d）二冷区电磁搅拌（两段区域）；（e）结晶器+凝固末端电磁搅拌；

（f）二冷区+凝固末端电磁搅拌；（g）结晶器+二冷区+凝固末端电磁搅拌

　　旋转磁场式电磁搅拌器（图 1-67）的工作原理类似于交流电动机。通三相交流电（有时采用两相供电），在磁极间产生旋转磁场，旋转磁场在铸坯钢液内产生感应电流，进而在钢液内产生旋转力矩，使钢液产生旋转运动。电磁铸造的优点是：铸坯表面光洁；铸坯内部晶粒细化；强度和塑形提高 30%~40%。

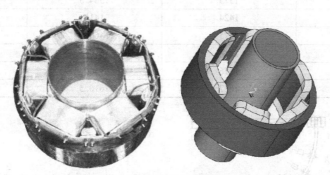

图 1-67　旋转磁场式电磁搅拌器

1.8.11　引锭装置

　　引锭杆是结晶器的"活底"，开浇前用它堵住结晶器下口，浇铸开始后，结晶器内的钢液与引锭杆头凝结在一起，通过拉矫机的牵引，铸坯随引锭杆连续地从结晶器下口拉出，直到铸坯通过拉矫机，与引锭杆脱钩为止，引锭装置完成任务，铸机进入正常拉坯状态。引锭杆移送至存放处，留待下次浇铸时使用。

引锭杆装置包括引锭杆、引锭头、回收存放装置。引锭杆回收存放装置是在浇钢前将引锭杆放下去进入拉矫机，靠拉矫机将引锭杆送入结晶器，拉坯时靠拉矫机拉动引锭杆将铸坯从结晶器内拉出，此时该装置又将引锭杆收回存放。

1.8.11.1 引锭装置的分类

根据进入结晶器的方式分为下装方式（图1-68）和上装方式（图1-69）。根据引锭杆的结构分为刚性引锭杆和柔性引锭杆。按引锭头的结构形式分为钩头式和燕尾槽式，如图1-70所示。引锭头的作用是直接堵住结晶器下口，将牵引力传递给铸坯。引锭头的材质一般为耐热铬钼铸钢。引锭头的尺寸随铸坯断面尺寸变化，厚度一般比结晶器的下口小5mm，宽度比结晶器的下口小10~20mm（考虑送引锭头和密封，铜板和引锭头间要有5~10mm 的间隙），见表1-6。

表 1-6　引锭头的宽度

铸坯名义 宽度/mm	结晶器宽度尺寸/mm		引锭头 宽度/mm
	上　口	下　口	
800	814	809	799
850	864	858.5	849
900	915	909	899
950	966	960	950
1000	1017	1010.5	1000
1050	1068	1061.5	1051
1100	1119	1112	1102
1150	1170	1162.5	1152
1200	1220	1212.5	1202
1250	1271	1263	1253
1300	1322	1313.5	1303
1350	1373	1364.5	1354
1400	1424	1415	1405
1450	1475	1465.5	1455
1500	1526	1516.5	1506
1550	1576	1566	1556
1600	1627	1616.5	1606

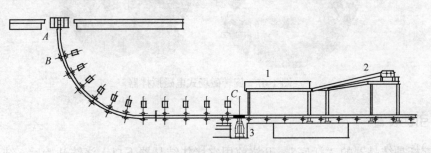

图 1-68　引锭装置下装方式

1—引锭杆；2—引锭杆存放装置；3—脱锭装置

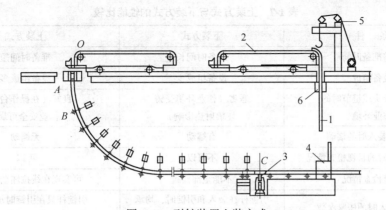

图 1-69 引锭装置上装方式

1—引锭杆；2—引锭杆车；3—脱锭装置；4—导卫装置；5—卷扬装置；6—防落装置

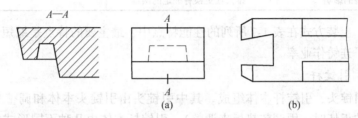

图 1-70 引锭头的结构形式

（a）钩头式；（b）燕尾槽式

1.8.11.2 引锭装置的作用

在连铸机中，引锭杆的作用是引锭和拉坯。由于结晶器内腔是上下开口的，开浇前需将引锭杆上端的引锭头深入结晶器内，作为结晶器的活底，尾端则在拉矫辊中，开浇后，随着钢液的凝固，铸坯端部和引锭头凝结为一体，被拉矫辊一同拉出，如图 1-71 所示。当引锭头通过拉矫机后，便将引锭杆和铸坯脱开，将引锭杆送至引锭杆存放处，留待下一次浇铸时使用。在这一过程中所需的设备如引锭杆、脱引锭装置、引锭杆存放装置等统称为引锭装置。引锭杆从结晶器上口进入称为上装方式，引锭杆从结晶器下口进入称为下装方式。装入方式不同，所需要的设备也不同。上装引锭杆一般应有引锭杆车、

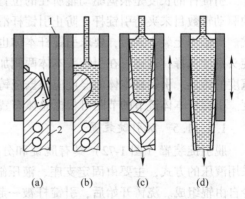

图 1-71 用引锭杆开始浇铸过程示意图

（a）把引锭杆装入结晶器底部；（b）开始浇铸；

（c）结晶器振动，引锭杆开始拉坯；（d）继续拉坯

1—结晶器；2—引锭杆

脱锭装置、导卫装置、卷扬装置、防落装置等主要设备。下装引锭杆装置所需设备除了引锭杆外主要还包括脱锭装置和引锭杆存放装置。

1.8.11.3 上装方式与下装方式的性能比较

引锭杆的装入方式不同，其性能也不同，性能比较见表 1-7。

表 1-7　上装方式与下装方式的性能比较

条　件	下装方式	上装方式
连铸准备时间	准备时间长	准备时间短
设备组成	设备组成少	设备组成多
更换引锭头或链节时的作业环境	恶劣（作业环境受铸坯辐射热影响）	良好（在操作台上的作业安全可靠）
引锭杆装入时的蠕动	有蠕动	无蠕动
引锭杆装入时的目视检查情况	不可以	可以
辊缝检查情况	不能全部检查	可实现在线拉坯全部检查
引锭杆装入时的压紧次数	引锭杆在装入和引锭时，均承受驱动辊的压紧负荷	引锭杆只在引锭时承受驱动辊的压紧负荷
对维修或更换主机区在线设备的影响	对切割前及切割后的辊道维修或更换有一定的困难	无困难

可以看出，上装方式在表 1-7 所列的性能特点中，最主要的特点是缩短了连铸机的准备时间，提高了连铸作业率。

1.8.11.4　引锭杆

引锭杆由引锭头、引锭杆本体组成。其中引锭头由引锭头本体和调整垫板组成（在铸造不同宽度的板坯时，用调整垫板来调整），引锭杆本体由几种不同形式的连接块和引锭杆尾组成。引锭杆有挠性和刚性两种结构。挠性引锭杆一般制成链式结构。链式引锭杆又有长节距和短节距之分。

引锭杆的长度是根据驱动辊所在的位置来确定的，在引锭杆脱开引锭车时，应有足够的驱动辊数目来夹持引锭杆，防止引锭杆滑下。引锭杆本体的宽度取决于引锭杆的装入方式。当采用上装方式时，要求引锭杆本体也能通过结晶器。引锭杆本体的宽度应按最小引锭头宽度选择，这样可在引锭头本体两侧加调整垫板以改变引锭头的宽度，浇铸各种不同宽度的铸坯。引锭杆本体的厚度应根据浇铸的最小坯厚来决定，其厚度应小于最小铸坯厚度。引锭杆本体链节的节距可根据总体布置的辊列来决定，以能通过扇形段为原则。

1.8.11.5　脱引锭装置

脱引锭装置（图 1-72）具有脱锭和分离的作用，采用液压的方式，主要由固定支座、液压缸和一个水冷自由辊组成。浇铸开始后，引锭杆被一起拉出结晶器，当引锭头与铸坯头部衔接处运行到脱锭位置时，检测器发出信号，脱锭开始，在脱锭的同时，脱锭装置将引锭头及相连接部分链节抬起，并向出坯辊道方向移动，待脱锭装置的动作完成后，引锭头与铸坯已被拉开一段距离。

1.8.11.6　引锭杆接收及卷扬装置

引锭杆接收及卷扬装置具有使引锭杆卷上、对中和导向以及卷扬吊钩在达到卷扬上限位置时起分离作

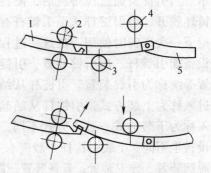

图 1-72　拉矫机脱引锭装置

1—铸坯；2—拉辊；3—下矫直辊；

4—上矫直辊；5—长节距引锭杆

用。卷扬装置主要由卷扬传动装置、接收装置、吊钩及框架组成。

卷扬传动装置由传动电机、制动器、减速机、编码器、主令控制器、卷筒及滑轮组成。

1.8.11.7　引锭杆车

引锭杆车位于浇铸平台上，其动作过程可简述如下：存放引锭杆的引锭杆车运行到结晶器上方时，将引锭杆装入到结晶器内。浇铸开始后，引锭杆同铸坯一起被拉出结晶器。引锭杆车返回到引锭杆的收容端。当引锭杆的尾部经过脱锭装置碰到安装在接收装置附近的光电开关控制器时，卷扬装置的吊钩钩住引锭杆尾部销轴并将引锭杆吊起卷上，在吊起卷上的过程中，引锭杆头部将分别通过脱引锭装置、接收装置和防落装置。由于卷扬吊钩钩住引锭杆尾部销轴后继续运行，在卷扬吊钩到达卷扬上限位置时，引锭杆尾部销轴将被转换到引锭杆车的输送链钩上，把引锭杆卷到车上保存起来，以备下次装入。

引锭杆车具有下列功能：可把引锭杆卷上；可把引锭杆输送并装入结晶器内；把引锭杆卷上和装入结晶器时，可实现对中；引锭杆车（输送链条）在运行过程中，可变换输送链钩的位置；具有走行（从引锭杆的收容端至引锭杆的装入端，从装入返回到引锭杆的收容端）的功能。

为了实现以上功能，引锭杆车主要由以下四部分组成：输送链条装置、止动定位挡板装置、对中装置、走行装置。

（1）输送链条装置。输送链条装置由前部和后部链轮装配件、对中车体、输送链条中间部位的上下导向托架和引锭杆装入时用的导向板组成。

（2）止动定位挡板装置。引锭杆在卷上或装入时，止动定位挡板处于潜行状态。引锭杆车的输送链钩（正向）由卷上运行变为逆向运行时，止动定位挡板用于定位并处在直立状态，它将挡住引锭杆中间部位的销轴。由于引锭杆被止动定位挡板挡住，输送链钩（反向）还未到达引锭头的销轴位置，链钩（反向）将继续运行直到销轴接触为止，此时，输送链钩（反向）自动停止运行。

（3）对中装置。对中装置由在车前部和后部的四个液压缸及与之相配合的四个行程开关装置组成。当引锭杆发生偏移时，会碰到两侧的行程开关，行程开关即发出指令，液压缸动作将引锭杆推回原位。

（4）走行装置。走行装置主要由走行车体和走行驱动装置组成。

1.8.12　切割机

铸坯是在连续运动中完成切割，因此切割装置必须与铸坯同步运动，切割装置将凝固的板坯按照用户的要求进行定尺切割。常用的切割装置有机械剪切和火焰切割两种类型。

火焰切割装置包括切割小车、切割定尺装置、切缝清理装置和切割专用辊道等。机械剪切设备又称为机械剪或剪切机，由于是在运动过程中完成铸坯剪切的，因而又称为飞剪。机械剪切按驱动方式的不同又分为机械飞剪和液压飞剪。机械飞剪通过电机、机械系统驱动，液压飞剪通过液压系统驱动。

火焰切割装置（图1-73）是依靠氧气和可燃气体（精制的焦炉煤气）混合燃烧产生的高温火焰使金属熔融，并利用高压氧气把熔融的金属吹掉，形成断口，达到切割的目的。铸坯移动到达预定的切割长度时，定尺装置给切割机发出信号，切割机降落到铸坯上或夹紧铸坯，铸坯拖动切割机走行。边部检测器发出信号，两把割枪从各自的原点朝铸坯方向移动到规定位置。割枪的预热煤气先打开，随后打开预热氧气。割枪开始以低速向板坯边缘行进，到达适宜温度时点火，割炬以低速进行切割，随后切割速度提高，达到正常切割。正常切割速度取决于板坯的厚度和温度。

火焰切割具有投资少、设备简单，并且不受铸坯温度和断面限制的优点。一般由切割小车、同步装置、测长装置（图1-74）、能介系统组成。切割机下辊道为可移动辊道（摆动或水平移动）。

图1-73　火焰切割机

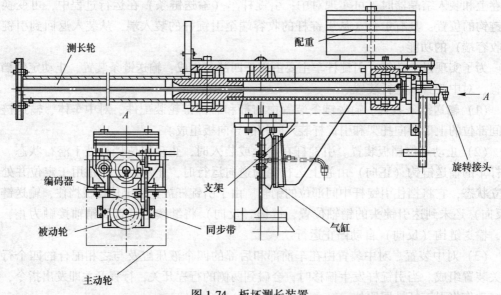

图1-74　板坯测长装置

切割小车由四个车轮支撑着。前面两个为主动车轮，后面两个为被动车轮。每个主动车轮由电动机单独进行驱动，电动机通过减速箱、电磁离合器驱动车轮行走。

同步装置保证割枪在切割铸坯过程中与铸坯保持同步以保证割缝整齐。同步装置一般有钳式、压紧式、坐骑式和背负式。钳式同步装置又可分为调式和不可调式两种。两者都是靠气缸驱动夹钳架在板坯的两侧夹住铸坯，实现与小车的同步运动。但可调式的可用丝杆螺母调整夹紧宽度。坐骑式同步装置是把切割小车直接骑坐在连铸坯上来实现同步。切割小车通过提引架升起切割枪横梁。

切割枪横移装置用于使两把割枪沿板坯宽度方向相向走行或反向走行。该装置是由电动机、蜗轮减速机、小齿轮与横梁上的齿条相啮合而驱动的。驱动装置中，电动机、减速箱等安装在切割机走行拖板上，通过小齿轮与齿条啮合，使拖板沿着轨道行走。

主切割枪和副切割枪都装在切割枪架上，一般主切割枪是固定的，副切割枪可以通过气缸或液压缸进行前后移动，以对主、副切割枪之间的距离进行调整。

边部检测器安装在切割枪走行拖板上，其主要作用是把切割枪引导到铸坯侧边缘一定的位置上，这样不管铸坯的位置和宽度如何，都能保证切割枪准确地停止在预热位置上。

定尺装置主要有机械式、脉冲式和光电式三种。

能介系统由氧气、燃气、设备冷却水和钢渣粒化水等组成。

1.8.13 去毛刺机

在板坯割缝下表面因为火焰切割形成毛刺，影响热轧轧制，必须去掉。去毛刺机按照刀具运动的方式分为锤击方式（旋转运动）和刮削方式（直线运动）。去毛刺机的布置位置如图 1-75 所示。

图 1-75 去毛刺机的布置位置

刀具刮削方式可分为铸坯移动式和刀具移动式两种。去毛刺机主要由板坯压紧装置、剪劈、剪帽、剪臂升降装置、剪臂倾翻装置和剪臂横移装置等组成。

锤刀锤击方式的去毛刺机有一个去刺辊，它由一系列安装在辊子圆周上的耐磨、耐冲击的钢制锤刀组成，如图 1-76 所示。

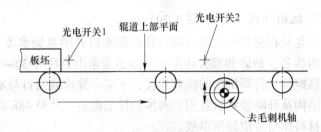

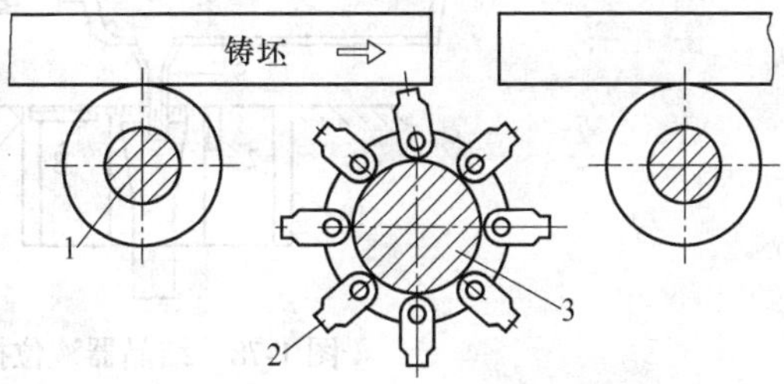

图 1-76 锤刀锤击方式的去毛刺机
1—出坯辊；2—锤刀；3—去刺辊

1.8.14 喷印机

连铸坯在切成定尺后，每块坯必须编有相应的号码，便于管理。喷印机安装在连铸设备的传送辊上面，而板坯是由连续浇铸和煤气火切割成定尺，在煤气切割的表面上以全自动喷方式喷印程序控制的数字。这种全自动化操作，就像人工拿着特质喷漆枪直接操作。

连铸机上最常用的喷印机有喷涂式（使用白色涂料）和焊丝式（使用带金属丝焊机）。喷涂式是用喷枪把涂料喷到铸坯上以构成数字。这种喷印机有在铸坯停止时工作与铸坯同步运行工作两种工作方式。焊接丝喷印机是将焊丝通过电弧熔化喷射到板坯表面形成字迹的方式。焊丝一般有铝丝、铜丝和三氧化二铝丝等。喷印机主要由大车、喷印头、喷印头的升降机构、测量喷印头向后/向前移动和向上/向下移动。图 1-77 为喷印机实物图。

1.8.15 连铸其他设备

其他连铸设备有塞棒机构、滑动水口机构、快换机构、电磁制动、液位控制系统、漏钢预报系统、辊缝仪等。

图 1-77　喷印机实物图

1.8.15.1　塞棒机构（图 1-78 和图 1-79）

塞棒（stopper）是装在盛钢桶内靠升降位移控制水口开闭及钢水流量的耐火材料棒，又称为陶塞杆。它由棒芯、袖砖和塞头砖组成。棒芯通常由直径为 30~60mm 的普碳钢圆钢加工而成，上端靠螺栓与升降机构的横臂连接，下端靠螺纹或销钉与塞头砖连接，中间套袖砖。图为塞棒结构及升降装置示意图。塞棒须仔细砌筑，并经 48h 以上的烘烤干燥后使用，以避免耐火材料炸裂造成漏钢事故。

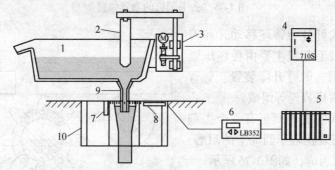

图 1-78　结晶器液位控制系统布置示意图

1—中间包；2—塞棒；3—塞棒机构；4—伺服驱动器；5—TCS 控制器；6—二次仪表；
7—^{60}Co 源；8—闪烁计数器；9—浸入式水口；10—结晶器

连铸机采用了双机两流，每流配备两台中间包车，一台浇钢时，另一台烘烤，准备下一个浇次。每一个中间包上安装一套塞棒机构。塞棒机构由伺服电机、电动缸、升降臂构成。伺服传动装置控制电机通过电动缸的精密丝杆驱动升降臂，由升降臂带动塞棒上、下移动，丝杆的实际位移由集成在电机上的增量式编码器检测。

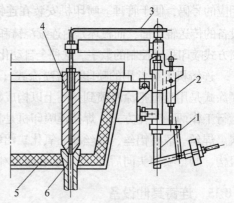

图 1-79　塞棒操作机构

1—塞棒机构；2—自控液压缸；3—通 Ar 管道；
4—塞棒；5—中间包；6—浸入式水口

1.8.15.2　滑动水口机构

塞棒上下运动的方式有手动、电动和液压三种。液压装置包括液压缸和外部的液压系统；电动是在塞棒机构上装有伺服电机，用滑动水口控制钢流时是在中间包底部钢流出口处装有滑动水口机构，一般采用三板式机构，由上水口、上滑板、中滑板、下滑板等四部分组成。上、下滑板固定，中滑板做直线往复运动，改变水口大小，滑板的驱动也有手动和液压两种。图1-80为三板式滑动水口结构示意图。

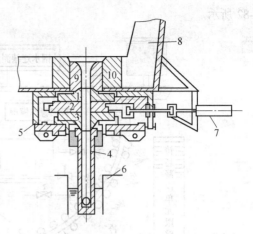

图1-80　三板式滑动水口结构示意图
1—上滑板；2—中滑板；3—下滑板；4—浸入式水口；
5—滑动水口架；6—结晶器；7—液压缸；8—中间包；
9—上水口；10—水口座砖

1.8.15.3 结晶器漏钢预报系统

漏钢预报装置在结晶器内发生粘接性漏钢（初生坯壳与铜板发生粘连所致）前，能预先发出警报，以便及时采取措施，防止漏钢事故发生。

为了能够预报结晶器漏钢事故，在结晶器四面铜壁外通过均匀分布的螺栓的中心埋入多套康铜热电偶；热电偶测到的温度数据输入计算机或在仪表上显示。热电偶的套数越多，检测也越精确。也有的根据结晶器内壁与铸坯坯壳间摩擦力的大小来测定结晶器内坯壳是否有漏钢。

漏钢是连铸生产中严重的恶性事故，漏钢会导致设备损伤和生产中断，给企业造成很大的经济损失。减少漏钢、降低连铸漏钢率是各厂家以及连铸科技工作者一直探索和研究的课题。漏钢可分为粘连漏钢、夹渣或卷渣漏钢、裂纹漏钢、开浇漏钢等，与钢水成分、温度、设备状况、保护渣性能以及操作水平都有密切的联系。生产过程中的漏钢都有一个共性，即初生坯壳在结晶器内发生粘连或其他异常情况没能得到有效的补救，出结晶器时没有达到足够的安全厚度而导致漏钢事故。因此连铸科技工作者开发了漏钢预报系统（break out prediction system，BOPS），该系统能适时掌握坯壳在结晶器内的生长情况，发现异常时发出警报并采取降速等有效措施来避免漏钢事故的发生。

结晶器漏钢预报系统构成如图1-81所示。该系统主要包括温度数据采集系统、基础控制程序和计算机分析处理应用软件。

温度数据采集系统通过采用安装在结晶器铜板上的热电偶进行铜板温度的测量与传输，热电偶的布置为结晶器铜板内外弧宽边各若干列；基础控制程序根据铸机浇铸的断面尺寸进行热电偶选择，并将实时的温度测量数据显示在界面上；计算机分析处理应用软件把采集到的实时数据通过模型进行对比逻辑判断分析，当达到报警设定值时，将会反馈信号进行报警。

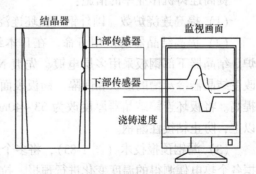

图1-81　结晶器漏钢预报系统构成

1.8.16 连铸过程控制

依据冶金工艺、控制论等指导，采用多级计算机控制系统对连铸过程进行控制，如图

1-82 所示。

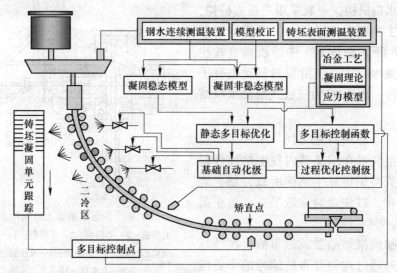

图 1-82　连铸过程控制示意图

1.9　连铸新技术

连铸新技术主要体现在连铸机的高生产率（作业率、拉速、设备可靠）和连铸坯的质量（铸坯洁净度、铸坯表面缺陷、铸坯内部缺陷）方面。

1.9.1　提高连铸机生产率

1.9.1.1　提高连铸机作业率

目前在钢铁工业发达国家，现代化大型板坯连铸机的作业率已达 90% 以上，方坯连铸机的作业率也在 90% 以上，有的甚至达到了 95%。

提高连铸机作业率的措施：

（1）提高连浇炉数。国外钢厂板坯连浇炉数在 1500 炉以上，方坯在 1000 炉以上。

（2）提高结晶器的使用寿命。在日本结晶器寿命由 200 ~ 300 炉提高到 1000 ~ 3000 炉。结晶器下部钢板采用多层电镀、先镀 Ni 再镀磷化物和 Cr，并改变镀层范围和厚度。改变结晶器冷却槽的形状和间隔，铜板表面弯月面附近温度可降到 100℃ 左右，寿命大大提高。将板坯连铸结晶器厚度改为 33 ~ 40mm，冷却水缝宽为 5mm，冷却水流速达 9m/s 以上，防止粘接性漏钢。

（3）漏钢预报技术（图 1-83），将多个热电偶埋设在铜板内，使之形成网络布置，根据各个热电偶测得的温度变化进行预报，拉漏率在 0.4% 以下。

（4）异钢种接浇技术。在结晶器内插金属连接件并放入隔层材料，防止钢液成分混合，缩短连铸辅助作业时间，提高金属收得率。

（5）钢包、中间包和浇铸水口的快速更换技术，尤其对快速更换中间包浸入式水口已获成功，更换时间 1 ~ 2min，最快的仅使钢流断流 3s。

（6）中间包热态循环使用技术，日本已达 450 次。

（7）防止浸入式水口堵塞、塞棒和浸入式水口吹 Ar、中间包设挡渣墙和陶瓷过滤器、中间包加 Ca 处理等，可保多炉连烧。

（8）提高辊子使用寿命，如在锻造辊上焊接耐磨性 CrB 型材料，或使用衬套式复合辊。在板坯机上可使弯弧部分的辊子寿命达到 6000～9000 炉，水平部分辊子寿命达 1.2 万～2.8 万炉。

（9）缩短非浇铸时间，如上装引锭杆、铸机采用整体快速更换。

（10）采用各种自动检测装置，如使用快速测温头（图 1-84）和连续测温热电偶（图 1-85）对中间包钢液进行温度测定；使用工业电视摄像法或涡流检测法进行铸坯表面缺陷在线检测（图 1-86 和图 1-87），提高自动化控制水平，加强铸机设备维护。

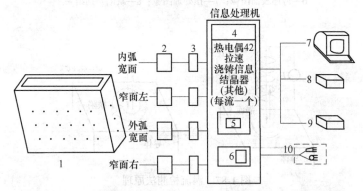

图 1-83　连铸机拉漏预报系统

1—结晶器；2—接线器；3—传感器；4—微型计算机；5—硬盘；6—数据记录器（盒式磁带）；
7—控制台（CRT）；8—报警数据；9—计算数据、原始数据；10—报警

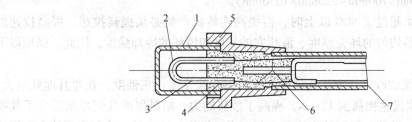

图 1-84　快速测温头（配数字显示二次仪）

1—保护外罩；2—石英管；3—热电偶；4—高温浇注水泥；5—外壳；6—补偿电线；7—插接件

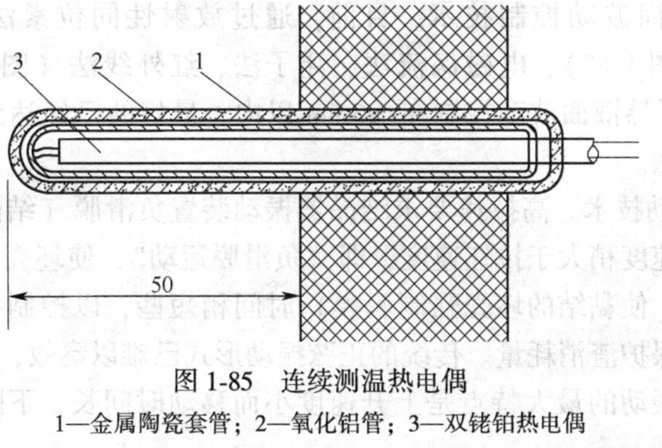

图 1-85　连续测温热电偶

1—金属陶瓷套管；2—氧化铝管；3—双铑铂热电偶

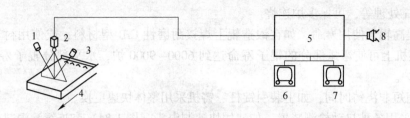

图 1-86　热铸坯表面缺陷检查装置试验设备

1—超高压水银灯；2—直线摄影机；3—除鳞机；4—铸坯；5—信号处理装置；
6—铸坯表面图像；7—预处理图像；8—缺陷判别结果

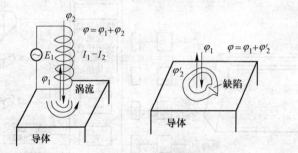

图 1-87　涡流检测法原理

1.9.1.2　提高连铸机拉速技术

现代化小方坯连铸机拉速已达 $4.0 \sim 5.0 \mathrm{m/min}$（130mm×130mm），板坯连铸机拉速已达 $2.5 \mathrm{m/min}$（220mm×700mm～220mm×1650mm）。

当连铸机作业率超过了 80% 以上时，再提高连铸机产量必须提高拉速。提高拉速的关键在于确保结晶器均匀的坯壳厚度、液相穴的长度和铸坯的冷却强度。因此，采用以下新技术。

（1）结晶器锥度的改进。方坯连铸机多采用抛物线锥度、三锥度，在弯月面处最大，为 $2.3\%/\mathrm{m}$，冷却水流速提高到 12m/s，提高了散热能力。结晶器的几何形状适应了其收缩变化过程。因此，模壁与板坯始终能和中部坯壳一样均匀地生长，抑制了裂纹和漏钢等缺陷，拉速当然提高。板坯结晶器已增加铜板厚度，冷却水水缝变窄为 5mm，冷却水流速提高到 9m/s，寿命和拉速均提高。

（2）结晶器液面波动控制技术。目前，通过放射性同位素法（^{60}Co 或 ^{137}Se，图 1-88）、热电偶法（图 1-89）、电磁涡流法、浮子法、红外线法（图 1-90）、激光法（图 1-91）等，可将结晶器液面波动控制在 ±3mm 以内，最好的已经达到 1mm。常用的是同位素法和电磁涡流法。

（3）结晶器振动技术。高拉速要求结晶器振动装置负滑脱（结晶器向下运动过程中有较长一段时间其速度稍大于拉坯速度，即"负滑脱运动"，使坯壳中产生压应力，可以使拉裂的坯壳压合，使黏结的坯壳强制脱模）时间稍短些，以控制振痕深度；正滑脱时间稍长些，以增加保护渣消耗量。传统的正弦振动形式已难以奏效，而非正弦振动就显示出了优势。非正弦振动的最大特点是上升速度小而移动时间长，下降速度大而移动时间短,如图 1-92 所示。

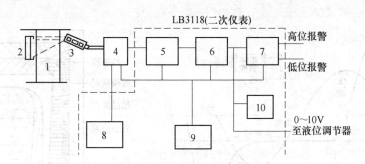

图 1-88　^{60}钴结晶器液面测量与控制系统

1—结晶器;2—放射源;3—闪烁计数器;4—中间接线盒;5—放大整形电路;6—线性率表电路;
7—液位高低报警器;8—直流-交流变换高压电源;9—低压电源;10—液位显示

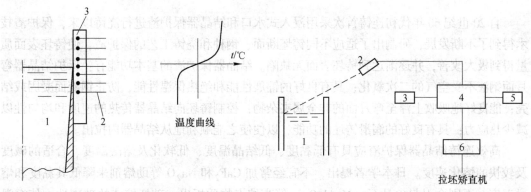

图 1-89　热电偶式液位计

1—钢水;2—热电偶;3—结晶器铜壁

图 1-90　红外线结晶器液面测量法

1—结晶器;2—红外测量探头;3—液面显示仪;
4—电子装置;5—液面记录仪;6—液面调节器

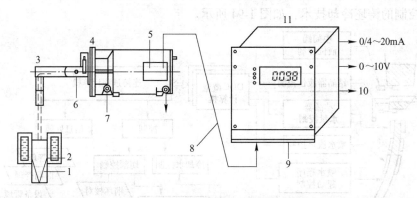

图 1-91　激光液面计原理

1—铸坯;2—结晶器;3—导光管;4—传感器;5—供电;6—吹扫空气;7—冷却水;
8—电缆;9—供电;10—上下输出;11—测量仪表

(4) 结晶器保护渣技术。结晶器保护渣是在连续铸钢过程中,置于结晶器内的钢液面上用以保温、防氧化和吸收非金属夹杂物的物料，如图 1-93 所示。

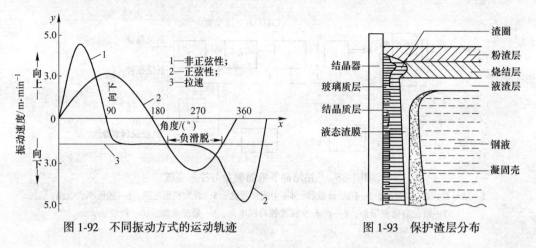

图 1-92 不同振动方式的运动轨迹　　　　　图 1-93 保护渣层分布

自 20 世纪 60 年代初连铸首次采用浸入式水口和结晶器保护渣进行浇铸以来，保护渣技术得到了不断发展，研制出了适应不同铸坯断面、钢种和浇铸工艺的保护渣，使铸坯表面质量得到极大改善，并逐渐达到铸坯表面无缺陷。结晶器保护渣的基本功能有：保护结晶器弯月面钢液不受空气的二次氧化；具有良好的铺展性能和绝热保温性能，防止钢液面凝固或结壳；能良好地吸收上浮至弯月面的非金属夹杂物；控制铸坯向结晶器传热的速度和均匀性以减少热应力；具有良好的润滑铸坯的功能，以便使之能顺利地从结晶器内拉出。

高效连铸结晶器保护渣应具有低黏度、低结晶温度、低软化及熔融温度、合适的碱度及较快的熔化速度。日本学者提出，不宜经常加 CaF_2 和 Na_2O 等助熔剂来降低其黏度和熔融温度，否则会引起尖晶石（$MgAl_2O_4$）等高熔点物质析出，破坏熔渣的玻璃性，使润滑条件恶化。可适当加入 Li_2O、MgO、BaO、K_2O 等助熔剂，对降低保护渣黏度和软化温度、抑制晶体析出、增大保护渣消耗量具有一定作用。

（5）铸坯强化冷却。铸坯二次冷却的冷却水比水量达 2.5~3.0L/kg，并广泛采用计算机动态控制的铸坯冷却技术，如图 1-94 所示。

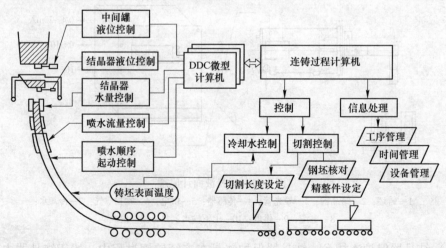

图 1-94 连铸机的计算机系统各种功能

（6）铸坯矫直技术。目前多采用带液芯的多点矫直、连续矫直以及压缩浇铸技术。

1.9.2 提高连铸坯洁净度技术

连铸过程中生产洁净钢，一方面是去除液体钢中氧化物夹杂物，进一步净化进入结晶器的钢水；另一方面是防止钢水的再污染。对于钢液中夹杂物去除主要决定于夹杂物形成、夹杂物传输到钢-渣界面和渣相吸附夹杂物。

连铸过程钢水再污染，主要受以下因素影响：

（1）钢水二次氧化；

（2）钢水与环境、钢水与空气、钢水与耐火材料相互作用；

（3）钢液流动与液面稳定性（渣-钢界面紊流、涡流）；

（4）渣钢浮化卷渣。

生产洁净钢主要控制技术如下：

（1）保护浇铸技术。常用的钢水密封保护，如中间包密封、钢水→中间包采用注流长水口+吹氩保护、中间包→结晶器采用浸入式水口、保护浇铸以及小方坯中间包→结晶器采用氩气保护。

（2）中间包冶金。增加钢水在中间包平均停留时间，使夹杂物有充分时间上浮。中间包向大容量、深熔池方向发展，中间包容量可达 80t，深 2m。改变钢水在中间包内的流动路径和方向，消除死区，活跃熔池，缩短夹杂物上浮距离。

（3）中间包覆盖渣。常用的覆盖剂有碳化稻壳，中性渣（$CaO/SiO_2 = 0.9 \sim 1.0$）可形成液态渣但不保温。碱性渣（$(CaO+MgO)/SiO_2 \geqslant 3$）易结壳。根据需要，也可采用碳化稻壳+中性渣或碱性渣。注意随着 SiO_2 含量的增加，钢水 $T[O]$ 会增加。

（4）防止下渣和卷渣。在长水口装设下渣探测器，发现下渣及时关闭；在中间包内砌挡渣墙及采用 H 型中间包等。

（5）结晶器钢水流动控制技术，如在板坯结晶器中采用电磁制动（EMBr）技术及电磁流动（FC）结晶器。

1.9.3 防止连铸坯缺陷

1.9.3.1 防止连铸坯表面缺陷技术

铸坯表面缺陷主要表现为表面夹渣、表面纵裂纹、表面横裂纹、角裂、星状裂纹。采取方法：

（1）结晶器液面控制（同前）。

（2）结晶器振动，为减小钢坯振痕深度，可采用高频率（最高可达 400 次/min）和小振幅（2~3mm）的液压驱动振动装置，使频率和振幅在线可调，可以保持正弦振动，也可实现非正弦振动。

（3）结晶器坯壳生长的均匀性。结晶器内初生坯壳不均匀，会导致铸坯表面纵裂或凹陷，严重时会造成拉漏。坯壳生长的均匀性决定于钢的化学成分，合适的结晶器设计、结晶器锥度、保护渣及液面稳定性。

（4）结晶器内钢液流动控制。钢水在结晶器内运动决定于浸入式水口倾角大小和插入深度。根据模型试验，认为板坯结晶器的水口倾角为 15°~25°、插入深度（125 ±25）mm 可得到良好的表面质量。

1.9.3.2 铸坯裂纹控制

据统计，铸坯各种缺陷中裂纹约占 50%，裂纹分为表面裂纹和内部裂纹。内部裂纹有中间裂纹、矫直裂纹、皮下裂纹、中线裂纹和角部裂纹。铸坯内裂纹并伴有偏析线，即使轧制能焊合，还有微观化学成分的不均匀性留在产品上，使力学性能降低。

要减少铸坯产生裂纹，采取以下措施：

（1）弧形连铸机采用多点矫直或连续矫直技术。

（2）对弧准确，防止坯壳变形，可采用辊缝仪测量、调整，使支承辊间隙误差小于 1mm，在线对弧误差小于 0.5mm。检测铸坯开口度（实际是板坯厚度）的误差约为 0.5mm，不得大于 1mm。

（3）采用"I-Star"多节辊技术，防止支承辊变形。

（4）采用喷雾冷却和气水冷却的二冷动态控制系统，优化二冷区水量分布，使铸坯表面温度分布均匀。

1.9.3.3 铸坯中心致密度控制技术

铸坯中心致密度决定了中心疏松和缩孔的严重程度。而中心疏松、缩孔均伴随有严重的中心偏析，它使厚板的力学性能恶化，是造成管线用钢氢脆和高碳硬线钢脆断的原因。

（1）低温浇铸技术。控制柱状晶和等轴晶比例的关键是减少过热度。过热度大于 25℃易出现柱状晶发达，甚至形成穿晶（凝固桥）结构，而且中心偏析严重。过热度小于 15℃ 时易冻水口，难操作。生产中一般控制中包钢水过热度为 30℃，但应设法降低结晶器的钢水过热度。

（2）采取强化加速凝固工艺（FAST 法），即把包有固体铁粉或其他元素的包芯线从中间包塞杆喂入结晶器，控制钢水过热度和铸坯的初生凝固结构。

2 薄板坯连铸连轧工艺技术和设备特征

连铸连轧的全称是连续铸造连续轧制（Continue Casting Direct Rolling，CCDR），是把液态钢倒入连铸机中铸造出钢坯（称为连铸坯），然后不经冷却，在均热炉中保温一定时间后直接进入热连轧机组中轧制成型的钢铁轧制工艺。这种工艺巧妙地把铸造和轧制两种工艺结合起来，相比于传统的先铸造出钢坯后经加热炉加热再进行轧制的工艺，具有简化工艺、改善劳动条件、增加金属收得率、节约能源、提高连铸坯质量、便于实现机械化和自动化的优点。连铸连轧工艺现今已经在轧制板材、带材中得到应用。

连铸连轧的工艺流程（图 2-1）为：

（1）将加热成熔融状态的液态钢装入钢包中，由天车（桥式起重机）吊运至连铸机上方；

（2）将钢包中的液态钢水注入连铸机中进行连铸生产，连铸坯从连铸机下方拉出；

（3）用飞剪对连铸坯进行定尺剪切，剪切成定尺长度的连铸坯送入隧道均热炉中；

（4）连铸坯在隧道均热炉中缓慢前进，以保证连铸坯温度均匀和恒定（注：隧道均热炉的长度通常在 100~200m 之间，甚至更长达到 250m）；

（5）连铸坯从隧道均热炉的另一端出来后进入热连轧机组中轧制；

（6）经轧制成型后的钢材进入水冷段进行层流冷却；

（7）经过层流冷却后的钢材进入卷取机中卷取；

（8）卷成卷筒状的钢材由天车运送入成品库中存放。

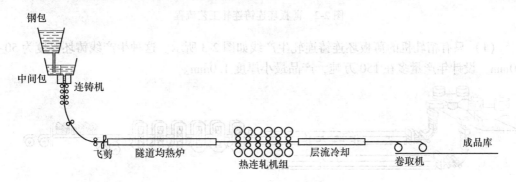

图 2-1　连铸连轧工艺流程

薄板坯连铸连轧工艺（Thin Slab Cast Rolling，TSCR）是 20 世纪 80 年代末至 90 年代初开发成功的最新短流程带钢生产工艺。它完全改变了由钢水到轧制成材的传统工艺流程，具有大幅度节约能源、提高成材率、简化工艺流程、缩短生产周期、降低生产成本、减少基建投资等优点，世界各国都给予关注，并先后投入了大量的人力、物力进行研究、开发、推广。截至 2007 年 10 月，世界上已建成投产的和部分在建的各种不同类型的薄板坯连铸连轧生产线共计 54 条，铸机 86 流，总的生产能力约为 9200 万吨。

2.1 薄板坯连铸连轧工艺特点

典型的薄板坯连铸连轧工艺流程由炼钢（电炉或转炉）—炉外精炼—薄板坯连铸—连铸坯加热—热连轧 5 个单元工序组成。该工艺将过去的炼钢厂和热轧厂有机地压缩、组合到一起，缩短了生产周期，降低了能量消耗，从而大幅度提高经济效益。

在薄板坯连铸连轧工艺中，热连轧机是决定规模和投资的主要因素。就薄板坯连铸机与热连轧机组而言，两者占投资的比例约为 30%：70%。所以，充分发挥热连轧机组的能力应是整个工程建设的重要因素。

2.2 薄板坯连铸连轧生产线配置

连铸连轧生产线的设备配置主要取决于工艺技术特点。西马克公司和达涅利公司基于近终形连铸的观点选择较小供坯厚度，并考虑轧机数量和液芯压下工艺的协调条件。而奥钢联则主张选用中等厚度坯料供给连轧机。近年来，这两种观点逐渐相互靠拢，确保连铸连轧这一生产方式具有更加显著的节能、低投入、低成本和高质量效果。

薄板坯连铸连轧工艺流程如图 2-2 所示。

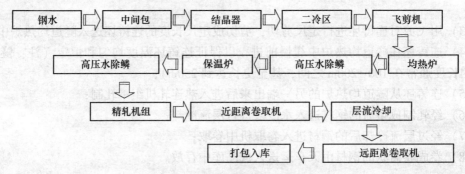

图 2-2 薄板坯连铸连轧工艺流程

（1）只有精轧机的薄板坯连铸连轧生产线如图 2-3 所示。这种生产线铸坯厚度为 50~70mm，设计年产量多在 150 万吨，产品最小厚度 1.0mm。

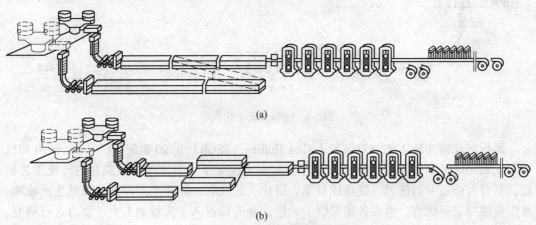

图 2-3 只有精轧机的薄板坯连铸连轧生产线
（a）摆动式加热炉；（b）横移式加热炉

（2）单流铸机与粗、精轧机组配置如图 2-4 所示。这种生产线连铸坯厚度多数为 70~90mm，设计产量多在 150 万吨，产品厚度最小为 0.8~1.2mm。在此类生产线中，替代辊底式隧道加热炉的是感应加热设备，加热温度控制在 +5℃，受单流连铸机供坯能力的限制，坯料规格厚度可达 90~110mm，因此，要求轧机的许用轧制压力和轧机刚度要相对大一些。

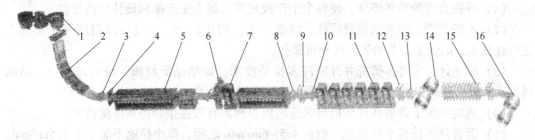

图 2-4 单流铸机与粗、精轧机组配置

1—钢包；2—弧形连铸机；3—旋转除鳞机；4—摆式飞剪机；5—辊底式炉；6—立辊轧机；7—粗轧机；
8—切头尾飞剪机；9—强制冷却装置；10—精轧除鳞装置；11—精轧机；12—强制水冷段；13—辊筒式飞剪；
14—近距离卷取机；15—水幕冷却；16—地下卷取机

（3）双流连铸机与粗、精轧机组的薄板坯连铸连轧生产线配置如图 2-5 所示。此类配置受到广大用户的欢迎，已经称为薄板坯连铸连轧生产线的主流配置。由于此类轧钢设备具有较大的轧制压力，允许采用厚度较大的铸坯，或者可用于轧制难变形的产品。由于生产线采用双流连铸机配置，其产量可以高达 250 万吨。

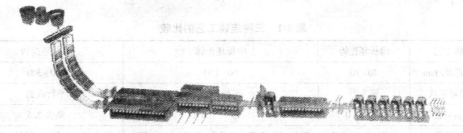

图 2-5 双流连铸机与粗、精轧机组的薄板坯连铸连轧生产线配置

（4）步进式加热炉布置的薄板坯连铸连轧生产线配置如图 2-6 所示。此类配置的主要优点是利用加热炉大的钢坯存储量来增大连铸与连轧之间的缓冲时间。缓冲时间的大小取决于步进炉内钢坯的存储量，一般设计上可以考虑缓冲时间取 1.5~2.0h 为宜。

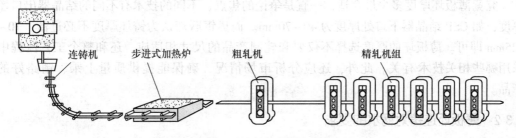

连铸机　　步进式加热炉　　粗轧机　　精轧机组

图 2-6 步进式加热炉布置的薄板坯连铸连轧生产线配置

2.3 薄板坯连铸连轧技术的开发与研究

自薄板坯连铸连轧技术问世至今，已有多种不同连铸薄板坯的方法，众多生产线均采用了薄板坯连铸连轧工艺流程，显示出不同特色。纵观当今世界各国对该项技术的研究，可以分为以下几个阶段：

(1) 寻找合理的铸坯厚度，使整个生产线发挥出最大生产率和最佳经济效益。

(2) 不断改进、完善结晶器形状、液芯压下、固相轧制、二冷冷却制度等一系列工艺特性技术，确保了工艺的先进性和可靠性。

(3) 除主体技术外，研究并开发许多相关技术，如结晶器材质、浸入式水口、结晶器振动装置、连铸保护渣、高压水除鳞、轧辊在线磨辊等。

(4) 成功实现了薄板坯连铸机与热连轧机组间的有效连接和协调匹配技术。

(5) 薄板坯连铸机平均拉速一般在 4.5~6m/min 之间，最小拉速不能小于 2.5m/min。为了稳定地连铸，对宽度为 1350~1600mm 的薄板坯连铸机而言，每小时钢水流量应不少于 150t。据此计算，采用电炉应为 150t 的超高功率电炉；转炉容量则应不小于 80t，以100t 以上为宜。

(6) 生产钢种可包括各类碳钢、低合金板带、不锈钢板带、热轧板带等。

2.3.1 连铸坯厚度选择

薄、中、厚板坯厚度分别界定为 40~60mm、90~150mm、200~300mm。铸坯厚度是一个区别各类连铸工艺的特征参数，也是影响铸坯质量的重要参数。三种连铸工艺的比较见表 2-1。

表 2-1 三种连铸工艺的比较

连铸工艺	薄板坯连铸	中板坯连铸	厚板坯连铸
铸坯厚度/mm	40~70	90~150	200~300
结晶器形状	漏斗形	平行板型	平行板型
拉速/m·min⁻¹	最大 6.0	最大 5.0	最大 2.5
轧制设备	精轧 (4~6 架)	粗轧 (1~2 架) +卷取+精轧 (4~6 架)	粗轧 (1~2 架) +精轧 (7 架)
品种	低碳为主	传统工艺相当	几乎不受限制
质量	表面质量较差	传统工艺相当	质量较高
投资	少	中	大

究竟薄板坯厚度多少最合适，一直是争论的焦点，不同的技术有不同的结晶器出口坯厚度，如 CSP 结晶器下口处厚度为 40~70mm。而奥钢联却认为铸坯厚度不必过薄，70~125mm 即可。薄板坯的厚度选择不仅要和轧制产品的尺寸相适应，还和整个工艺流程中采用哪些相关技术有关。此外，还应分析市场情况，确保能提供质量上乘、销路好的产品。

2.3.2 薄板坯连铸对钢水的要求

薄板坯连铸要求钢水质量高，主要是指钢水温度（特别是中间包内钢水温度）合适、钢水纯净度高（尤其是非金属夹杂物含量少）和钢水成分准确。对薄板坯连铸而言，结晶器内容积较小，钢水温度对保护渣的熔化影响很大，一旦温度控制不当，水口和铜板间钢渣搭桥，往往促成铸坯黏结而漏钢；对薄板坯连铸合适的钢水温度应控制在中间包内钢水的过热度为30~45℃，波动值为15℃。

（1）钢水成分要求（表2-2）。

表2-2　钢水中不同元素对薄板坯质量的影响

元　　素	成　　　分	对薄板坯质量的影响
C	冷轧板[C]<0.065%； 热轧板[C]<0.065%或[C]>0.15%	0.065%<[C]<0.15%，易产生纵向、横向裂纹
Al、N	[Al]<0.035%、[N]<0.009%	当有氮存在时，高铝含量导致氮化铝析出；当板坯温度低于A_{r3}时，晶界脆化引起横向裂纹。[C]>0.02%的钢种敏感性最强
S	[S]<0.01%	与纵向裂纹有很强的相关性
Cu	[Cu]<0.15%	铜、锡、铅的含量高，热脆性强，易形成裂纹
Sn、Pb	[Sn]<0.015%、[Pb]<0.003%	如[Cu]>0.15%，需保证[Cu]/[Ni]=1，加入镍
Ca、P	[Ca]>0.002%、0.001%<[P]<0.005%	钙可改善浇铸性能
Cr、Ni、Mo		除非钢种需要改善冷轧制品的成型性能，没有严格要求

（2）钢水洁净度要求。薄板坯连铸连轧的最终产品是生产供深冲用的冷轧板（如汽车板、食品包装罐（又称全铝饮料罐）等），它要求钢材具有较高的冷弯性能。为此薄板坯必须均匀且无表面缺陷。钢中最大夹杂物尺寸限制在50μm以下，这就要求炼钢工作者必须把薄板坯中的夹杂物控制在0.001%~0.002%，因此要求炼钢厂提供纯净的钢水。

钢水纯净度取决于脱氧操作、精炼效果和二次氧化的程度。从冶炼入手，精心完成脱氧、脱硫任务；减少固体夹杂物的形成，如可采用碱性耐火材料，以减少炉衬和钢中铝反应产生新的氧化铝夹杂物，也可以采用保护浇铸，大大减少钢水二次氧化的几率；在钢包和中间包内加强夹杂物上浮的措施，如加强搅拌操作，中间包内设置合理的挡坝、墙等。

非金属夹杂物的降低可缓解其在较小的浸入式水口中的聚集，有利于控制液面、降低拉漏率和防止表面卷渣；而有效的夹杂物形态控制也能带来质量的改善。

2.3.3　结晶器结构的选择及形状设计原则

2.3.3.1　结晶器结构的选择

薄板坯连铸机的出现并顺利实现工业化生产，结晶器的设计是其中关键技术。纵观当今各种薄板坯连铸连轧工艺，结晶器形状出现了相同趋势，即上口面积加大，目的是利于浸入式水口的插入及保护渣的熔化，以改善铸坯表面质量。

（1）平行板型薄板坯结晶器（图2-7）。这是德马克公司ISP工艺的第一代结晶器，立弯式，上部垂直段，下部弧形段，侧板可调。上口断面矩形尺寸为(60~80)mm×(650~1330)mm。这种结晶器只能使用薄片形浸入式水口，水口很薄，其与器壁只能保持10~15mm间隙，造成水口插入处宽面侧保护渣熔化不好，影响了铸坯表面质量。为此，德马克重新设计了上口断面形状，由原平行板型改为小漏斗形，其形状一直保持到结晶器下口仍有1.5~2mm的小鼓肚。近年来，其结晶器的小鼓肚越改越加大。

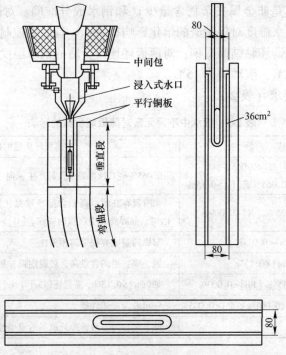

图 2-7 平行板型薄板坯结晶器

（2）漏斗形结晶器（图 2-8）。西马克公司 CSP 工艺使用的漏斗形结晶器，上口宽边两侧均有一段平行段，然后和一圆弧相连接，上口断面较大。上口的漏斗形状有利于浸入式水口的深入，在结晶器的两宽面板间形成了一个垂直方向带锥度的空间。这种结晶器在形状上满足了长水口插入、保护渣熔化和薄板铸坯厚度的要求，在多条生产线上使用以后，均收到较好的效果。此结晶器在钢液注入后凝固时要产生变形，于是设计这种漏斗的形状以及从漏斗向平行段过渡区的形状是很关键的技术。

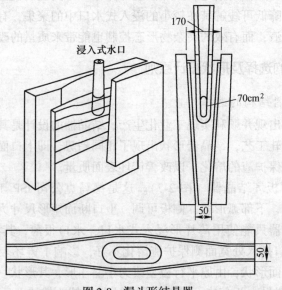

图 2-8 漏斗形结晶器

（3）透镜型结晶器（图2-9）。意大利达涅利公司FTSRQ工艺开发出的全鼓肚型（又称凸透镜型）结晶器，又称双高（H²）结晶器（High Reliability and High Flexibility Mold）。该公司认为平行板型和漏斗形结晶器有浸入式水口，插入不便，铸坯易出现表面裂纹、疤痕等缺陷的不足，而这种全鼓肚型结晶器的主要特点是其鼓肚形状自上而下贯穿整个铜板，并一直延续到扇形段中部。结晶器出口处将铸坯鼓肚形状碾平而特别设计了一组带孔型辊子，在这段矫直辊区内，铸坯经过液芯压下加工后，离开结晶器时的板坯厚度减至35~70mm。

（4）平行板型中厚板结晶器（图2-10）。奥钢联CONROLL工艺中采用的结晶器是平行板型结晶器，浸入式水口是扁平状，钢水从两侧壁孔流出。结晶器断面尺寸是1500mm×（70~130）mm。实际上这类板坯应划在中板坯之列。奥钢联认为70~90mm厚的铸坯生产能耗最省、加工成本也较低，所以不必追求铸坯厚度太薄。从结晶器形状来看，奥钢联强调只有钢水在结晶器内凝固时不变形，且保持液面平稳，才有利于消除铸坯表面裂纹，促使结晶器内钢水中夹杂物上浮和防止卷渣，所以主张使用平行板型结晶器。

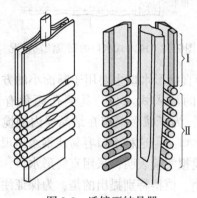

图2-9 透镜型结晶器

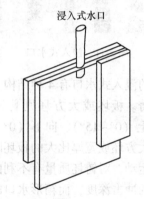

浸入式水口

图2-10 平行板型中厚板结晶器

2.3.3.2 薄板坯结晶器形状的设计原则

薄板坯连铸结晶器的以下特点决定了结晶器形状的设计：

（1）水口的外壁与结晶器内壁距离小，对中要准（误差小于1.0mm）。

（2）液面以下维持稳定熔池的钢水量不多、液面波动大，需控制在1.0~1.5mm。

（3）形状上：易于容纳浸入式水口，且保证浸入式水口具有较长的寿命；保证有足够的化渣面积；器壁不对凝固板壳产生过大压力，减少板壳裂纹缺陷。

（4）流场上：能容纳较大量钢液，减少湍流，使窄边侧附近的涡旋不太强烈，减少卷渣；有一定的上回流，有助于均匀化渣以及均匀覆盖钢液，润滑坯壳；减少对板坯的冲刷，以利于形成均匀的坯壳厚度，减少拉漏和裂纹。

2.3.4 薄板坯浸入式水口

浸入式水口（Submerged Nozzle）是连续铸钢设备中安装在中间包底部并插入结晶器钢液面以下的浇铸用耐火套管，如图2-11所示。

它的主要功能是防止中间包注流的二次氧化和钢水飞溅；避免结晶器保护渣卷入钢液；改善注流在结晶器内的流动状态和热流分布（图2-12），从而促使结晶器内坯壳的均匀生长，有利于钢中气体和夹杂物的排除。由于浸入式水口对提高铸坯质量、改善劳动条件、稳定连铸操作、防止铸坯表面缺陷等方面都有显著成效，因而在世界各国的板坯连铸和大方坯连铸都采用这种水口进行浇铸。可以说，浸入式水口的出现，如同结晶器振动装置的发明一样，为连铸技术的发展带来了划时代的进步。

图 2-11 浸入式水口

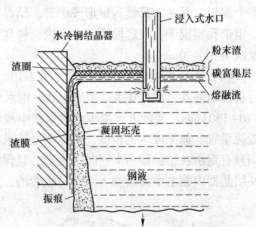

图 2-12 浸入式水口的钢液流动情况

常用的浸入式水口有 4 种结构（图 2-13），其中直筒形水口主要用于断面小的方坯或矩形坯连铸。板坯或大方坯则普遍使用带有侧孔的浸入式水口，其侧孔倾角有水平（0°）、向上（0°~15°）、向下（0°~35°）等。另外，为了减缓钢液在结晶器内的搅动作用，浇铸大方坯或宽厚比大的板坯时，可采用箱形水口。但这种水口容易使钢水出现不对称的涡流运动，对铸坯质量有不利的影响。水力学模拟实验表明，采用直筒形水口，注流具有最大的冲击深度，而箱形水口的冲击深度则最小。值得特别提出的是，为保证注流不被二次氧化，水口的任何部位都不得漏气。为此，使用组合式水口时，必须对中间包水口和浸入式水口连接处进行良好的密封。

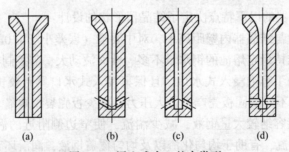

图 2-13 浸入式水口基本类型

（a）单孔直筒形水口；（b）侧孔向上倾斜状水口；（c）侧孔向下倾斜呈倒 Y 形水口；（d）侧孔呈水平状水口

结晶器内钢液流动状况对生产高质量铸坯影响很大，选择合理的浸入式水口具有重要意义。为了适应坯宽和拉速的变化，可通过控制浸入式水口浸入深度或塞棒来控制结晶器内钢水流动。浸入式水口形式取决于结晶器的形状。

2.3.4.1 CSP 浸入式水口

图 2-14 所示为 CSP 工艺漏斗形结晶器使用的浸入式水口形状及其在结晶器内的位置。

浸入式水口和结晶器是一整体,漏斗形结晶器的上口开口度保证了水口有足够的伸入空间,为使用厚壁长水口提供了有利条件。水口外形决定了钢水在结晶器内上部流动通道;而内部形状,特别是出口形状则决定了钢水流态和注入时的动能分布。这种大十字状出口可增加钢水流量、稳定拉速,对拉速高的情况更能显示优越性,其寿命可达 11~12 炉。

2.3.4.2　FTSC 浸入式水口

图 2-15 所示为意大利达涅利公司开发的 FTSC 薄板坯连铸浸入式水口,由于出口面积大,约 5700mm²,故钢液从水口流出的速度低,加之水口与结晶器距离较大,从而可以防止钢流对坯壳的冲刷,最大限度地减少拉漏事故。

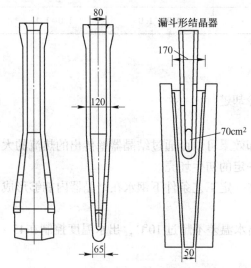

图 2-14　CSP 工艺漏斗形结晶器使用的浸入式
水口形状及其在结晶器内的位置

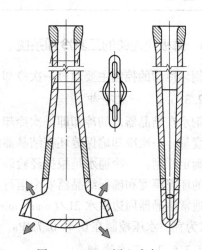

图 2-15　FTSC 浸入式水口

2.3.4.3　ISP 浸入式水口

图 2-16 所示为德国德马克和意大利阿维迪集团合作开发的一种适合薄板坯连铸用的浸入式水口,称为 ISP 浸入式水口。此种水口为扁平形水口,水口的厚度为 30mm、壁厚 10mm、宽 250mm。由于断面呈扁形,为了保证一定的注速,出口面积要相应增加。此种水口在使用前要均匀预热,避免热应力产生裂纹。

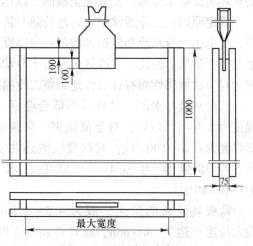

图 2-16　ISP 浸入式水口

2.3.5　薄板坯连铸结晶器保护渣

由于薄板坯拉速快,结晶器内钢液更新速度快,决定了其所用的保护渣的性质颇为重要。再加上结晶器上口空间的限制,在结晶器内保持良好的保护渣层是很难做到的。为此,一般连铸机上常用的混合型和预熔型颗粒渣已不合适,必须改用熔点、黏度更低及流动性更好的渣系。薄板坯连铸机所用的保护渣是中空颗粒状,加入后可在结晶器器壁与铸坯坯壳间迅速地形成稳定可控的渣膜，起到良好的润滑和吸附作用。达涅利公司 FTSC 工艺使用的保护渣性能见表 2-3。

表 2-3 达涅利公司 FTSC 工艺使用的保护渣性能

钢 种	超低碳与低碳	包晶钢	中碳钢	超高碳与高碳钢
浇铸速度/m·min^{-1}	5.5	4.3	5.5	4.5
黏度/Pa·s	0.12	0.12	0.13	0.125
熔点/℃	1050	1090	1050	1050
碱 度	0.9	1.3	0.95~1.0	1.0~1.1

2.3.6 薄板坯连铸的二次冷却系统

钢坯冷却的控制主要通过一次冷却和二次冷却进行。

2.3.6.1 一次冷却

钢水在结晶器内的冷却即一次冷却，其冷却效果可以由通过结晶器壁传出的热流的大小来度量。一次冷却确保铸坯在结晶器内形成一定的初生坯壳。

确定原则：一冷通水是根据经验确定，以在一定工艺条件下钢水在结晶器内能够形成足够的坯壳厚度和确保结晶器安全运行为前提。

通常结晶器周边供水 2L/(mm·min)，进出水温差不超过 10℃，出水温度控制在45~500℃为宜，水压控制在 0.4~0.7MPa。

2.3.6.2 二次冷却

二次冷却是指出结晶器的铸坯在连铸机二冷段进行的冷却过程。其目的是对带有液芯的铸坯实施喷水冷却，使其完全凝固，以达到在拉坯过程中均匀冷却。

确定原则：二冷通常结合铸坯传热与铸坯冶金质量两个方面来考虑。铸坯刚离开结晶器，要采用大量水冷却以迅速增加坯壳厚度，随着铸坯在二冷区移动，坯壳厚度增加，喷水量逐渐降低。因此，二冷区可分若干冷却段，每个冷却段单独进行水量控制。同时考虑钢种对裂纹敏感性而有针对性地调整二冷喷水量。

二冷水量与水压：对普碳钢低合金钢，冷却强度为 1.0~1.2L/kg；对于低碳钢、高碳钢，冷却强度为 0.6~0.8L/kg；对热裂纹敏感性强的钢种，冷却强度为 0.4~0.6L/kg。水压为 0.1~0.5MPa。

薄板坯连铸的拉速一般为 4.5~5.5m/min，最大拉速可达 7~8m/min，而其铸坯凝固时间不足 2min，也即出结晶器下口后，铸坯必须在极短的时间内完全凝固。为此，薄板坯连铸机的二次强度比传统坯连铸机要大得多（图 2-17）。表 2-4

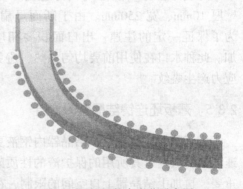

图 2-17 板坯状态变化示意图

列出了四种薄板坯连铸机的二次冷却系统中的冷却介质和二冷控制方式。

表 2-4　薄板坯连铸机的二冷系统比较

连铸机型	冷却介质	控　制　方　式
CSP	喷水冷却	根据浇铸速度选择冷却方式，再根据钢种定冷却曲线号，按号找出冷却曲线，按此曲线控制二冷
ISP	气-水混合或干铸	
CONROLL	气-水混合	
FTSRQ	气-水混合	根据板坯厚度、宽度、浇铸速度控制水流速度。冷却强度沿浇铸方向及板坯宽度方向分区域进行自动控制

2.3.7　薄板坯电磁制动和电磁搅拌

2.3.7.1　电磁制动

高速连铸的结果必然伴随凝固坯壳强烈冲刷，同时造成卷渣及液面波动；电磁制动（Electro-magnetic Brake）可在结晶器上部产生一个强度可变的磁场（图 2-18），钢水穿过磁场产生电位差，在钢水中形成一个小回路电流，会对钢水的流动产生一个运动阻力，钢水的流速变低，流动速率更均匀，从而达到稳定液面以及保证保护渣的均匀分布。

2.3.7.2　电磁搅拌

设置在结晶器中的电磁搅拌（Electromagnetic Agitation）装置能显著提高板坯质量，主要功能是改善凝固晶体结构，增强等轴晶率 40% 以上，中心碳偏析明显减少。图 2-19 所示为德国 Ispat Ruhrort 钢厂的薄板坯电磁搅拌装置。

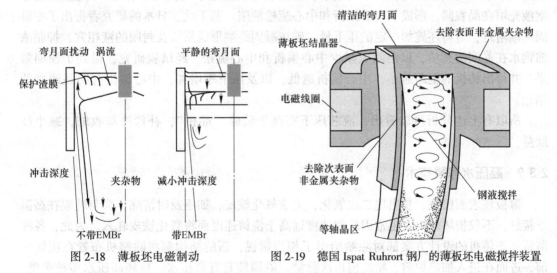

图 2-18　薄板坯电磁制动　　　图 2-19　德国 Ispat Ruhrort 钢厂的薄板坯电磁搅拌装置

2.3.8　铸坯的液芯压下技术

液芯压下（Liquid Core Reduction）又称软压下或轻压下，是在铸坯出结晶器下口后，对其板坯施加挤压，液芯仍保留在其中，经二冷扇形段，液芯不断收缩直至薄板坯全部凝固，如图 2-20 所示。提出此技术的目的是节能和提高生产率。实践证明，软压下不仅可以将铸坯厚度减薄，表面质量和平整均好，而且可以明显减轻铸坯的中心偏析。液芯压下技术是薄板坯采用较多的一种技术，其另外一个初衷是为了尽可能提高结晶器内容纳的钢水量。

在连续铸钢过程中，连铸坯拉矫采用液芯矫直时，为了获得无缺陷铸坯，对带液芯的铸坯施加小的压力的工艺方法，即在铸坯凝固终端附近，对铸坯施加一定的压下量，使铸坯凝固终端形成的液相穴被破坏，以抑制浓缩钢水在静压力作用下所自然产生的沿拉坯方向上的移动。连铸钢水在冷凝过程中，低熔点的物质被推向铸坯中心部位，形成了 C、S、P、Mn 等元素的偏析带，该偏析带在液相穴终端存在于底部；另外，夹辊不对中或辊距过大引起机械性鼓肚也是导致中心偏析和中心裂纹的原因；再者，钢水在结晶器中冷凝，形成激冷层，

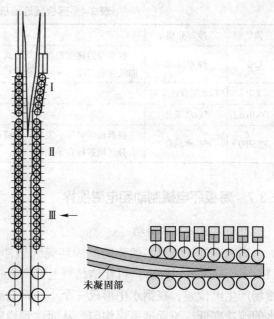

图 2-20　液芯压下技术示意图

并从此生长为柱状晶。铸坯进入二冷区后，由于对铸坯进行喷水冷却，铸坯内液相穴的温度梯度大，利于柱状晶迅速生长，而形成"搭桥"现象，并将正在冷凝中的液相穴分开，下部钢水被封闭。被封闭在桥下的钢水，冷凝收缩，富集了 C、S、P、Mn 等元素的浓缩钢液充填在晶粒间，形成了中心偏析和中心疏松缺陷。基于此，日本的研究者提出了在凝固终端附近，对铸坯施加一定的压下量，破坏凝固终端形成搭桥及封闭的液相穴，抑制浓缩钢水在晶间的充填，以消除或减少中心偏析和中心疏松。经试验研究，得到了预期效果，并得出铸机的辊距越小，中心偏析越低，以及压下率增加，中心偏析有明显改善的结论。

所以有上述分析可以看出，液芯压下有助于破碎"晶桥"，补偿冷却收缩，减小鼓肚量。

2.3.9　高压水除鳞技术

薄板坯表面极大，易出现二次氧化，生成氧化铁皮，如不及时清除，会与轧辊在高温下接触，不仅损坏轧辊，也常因轧制速度远高于浇铸速度而将氧化铁皮轧入。为此，各种薄板坯连铸机的设计方案都对除鳞给予了相当重视，新的结构都将除鳞机布置在粗轧机前，进而在进入加热炉前、精轧前再次除鳞。除鳞装置有高压水、旋转高压水多种类型，其水压从 10~20MPa 提高至 40MPa。奥钢联还开发了圆环形和网状旋转式高压水除鳞装置，均是想利用高压水以一定角度打到铸坯上更有效地清除氧化铁皮。

2.3.10　薄板坯连铸连轧加热方式

薄板坯连铸连轧工艺中除 ISP 工艺外，其他工艺均沿袭均热炉的加热方式，也称为隧道式辊底加热炉（图 2-21）。均热炉一般长 160~200mm，炉内布置的辊子系耐热材质，

内芯冷却，均热炉由天然气加热，保温效果好。如薄板坯温度入炉前达1100℃，就不需加热，仅在拉速较慢时，才通过设置在均热炉上部的烧嘴加热。均热炉内各段温差很小，通过多个测量点由计算机来控制炉内温度的均衡。

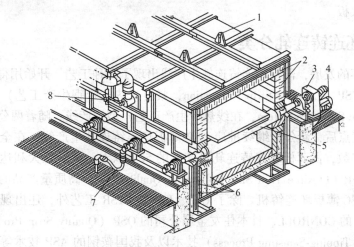

图2-21 隧道式辊底加热炉示意图

1—移动炉顶；2—陶瓷耐火纤维模块；3—减速机；4—电机；5—炉底辊；6—浇注料；7—水冷软管；8—烧嘴

2.3.11 薄板坯精轧机组

薄板坯连铸连轧生产线由连铸机和连轧机两部分组成，薄板坯粗轧机提供的坯料温度高且分布均匀，一般厚度为15~20mm，这就为精轧机轧制较薄的热轧带卷创造了良好的条件。根据产品规格不同和铸坯生产过程中有无铸轧（软压下）配置数目不等的精轧机架，设置软压下的生产线，精轧机架可为4架，无软压下的生产线需要6~7架。精轧机组数量与要求的轧材厚度有关，薄板坯连铸连轧生产线生产厚度为1.0mm的热轧带卷已成为现实，而未来的方向是如何生产出0.8mm的热轧带卷，以逐步部分取代等厚度的冷轧板。

2.3.11.1 轧制速度

考虑到板坯与轧机的衔接关系，薄板坯轧制速度在12m/s应该说是比较合理的。在此条件下，轧件的自然温降与轧制温升刚好相抵，而尾部又在炉内，正好满足恒温轧制的要求。尽管达涅利公司声称已经可以将薄板坯连铸连轧速度提高至20m/s，但各厂还是根据轧制过程保持轧件的恒温轧制来制定合理的轧制速度。

2.3.11.2 半无头轧制

半无头轧制工艺是将几块中间坯焊接在一起，然后通过精轧机轧制，在进入卷取机前，用一台高速飞剪机将其分切到要求的卷重。半无头轧制被认为是克服了成批轧制或单卷轧制的通病，尤其是当轧制超薄带材时可以获得下列目标：稳定轧制条件以利于产品质量；消除了穿带和甩尾有关的麻烦；显著提高了轧机的作业率和金属收得率。

2.3.11.3 铁素体轧制

铁素体轧制是粗轧仍在全奥氏体状态下完成，然后通过精轧机和粗轧机之间的超快速冷却系统，使带钢温度在进入第一架精轧机前降低到 A_3 线以下，完成 $\gamma \rightarrow \alpha$ 转变，即变成完全铁素体系统。铁素体轧制的优点：减少了氧化铁皮的产生和工作辊的磨损，提高了带钢的表面质量，降低了冷却水的消耗。铁素体轧制生产的热轧薄带钢或超薄带钢可替代传统的冷轧退火板。

2.4　薄板坯连铸连轧分类

　　经过十余年的发展，薄板坯连铸连轧生产线出现了多种工艺，开始用得较多的是德国西马克公司的 CSP（Compact Strip Production，紧凑式热轧带钢生产工艺）型和德马克公司的 ISP（Inline Strip Production，在线热带生产工艺）型生产线。随着两公司的合并，在吸收 ISP 工艺优点后，新公司继续推广 CSP 薄板坯连铸连轧生产线，在全世界已建成的生产线中占大多数，占薄板坯连铸连轧总产能的 50% 以上。其后意大利达涅利公司推出颇有特点的 FTSR（Flexible Thin Slab Rolling for Quality，生产高质量产品的灵活性薄板坯轧制）型或 FTSC 薄板坯连铸机。除了 CSP、ISP 和 FTSR 工艺外，还出现了奥地利奥钢联公司（VAI）的 CONROLL、日本住友金属公司的 QSP（Quality Strip Production）、美国蒂平斯的 TSP（Tipping-Samsung Process）技术以及我国鞍钢的 ASP 技术等。各种薄板坯连铸连轧技术各具特色，同时又相互影响、相互渗透，并在不断地发展和完善。

　　薄板坯连铸连轧技术因众多的单位参与研究开发，形成了各具特色的薄板坯连铸连轧生产工艺，如 CSP、ISP、FTSR、CONROLL、QSP、TSP、CPR 等，其中推广应用最多的是 CSP 工艺，由德国西马克·德马克公司开发。表 2-5 为国内部分薄板坯连铸连轧生产线概况。

表 2-5　国内部分薄板坯连铸连轧生产线概况

序号	企业	炼钢，公称量/实际出钢量	连铸	薄板坯尺寸/mm	连铸生产能力/万吨·a⁻¹	轧机	产品规格/mm	均（加）热炉	投资/亿元	投产时间
1	珠钢	1×150t 电炉	1流立弯式 CSP 铸机	50×(950~1350)	80	6机架 CSP 轧机	最小 1.27	辊底式加热炉 191.8m	28	1998年 11月
2	邯钢	2×100/120t 转炉	1流立弯式 CSP 铸机	(50~70)×(980~1560)	123	1+6机架 CSP 轧机	最小 1.2	辊底式加热炉 191.8m	25.2	1999年 12月
3	包钢	2×210t 转炉	2流立弯式 CSP 铸机	70×(900~1680)	200	6机架 CSP 轧机	最小 1.2	辊底式加热炉 200.8m×2，摆动式连接	32.6	2001年 8月
4	唐钢	2×150t 转炉	1流直弧形 FTSR 铸机	90~70,65×(850~1680)	150(250)	2+5机架达涅利+三菱	0.8~6	辊底式均热炉 187m		2002年 12月
5	马钢	2×100/110t 转炉	2流立弯式 CSP 铸机	90~70,65×(900~1600)	220	7机架	0.8~8	辊底式均热炉 270m×2，摆动式连接		2003年 12月
6	涟钢	2×90/105t 转炉	1流立弯式 CSP 铸机	70,55×(900~1600)	130	7机架	0.8~12.7	辊底式加热炉 291m	24.7	2004年 3月
7	鞍钢	2×90/110t 转炉	1流直弧形 CONROLL 铸机	136(100~150)×(900~1620)	150	1+6机架 ASP 轧机	最小 1.0	步进式加热炉		2000年 11月

2.4.1 CSP 工艺技术

2.4.1.1 工艺特点

CSP（Compact Strip Production）工艺也称紧凑式热带生产工艺，是德国西马克公司成功开发的，先后在美国的纽柯公司的克拉福兹维莱厂、黑可曼厂、戈拉廷厂，以及韩国的韩宝厂、墨西哥的希尔沙厂、西班牙的比斯卡亚厂建成工业化的生产线，取得了很大成功。我国珠江钢厂、邯郸钢厂、包钢的薄板坯生产线均属 CSP 工艺（图 2-22）。

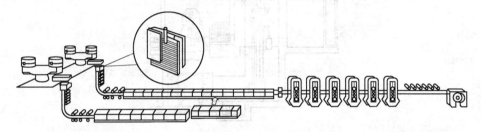

图 2-22　CSP 生产线

CSP 工艺具有流程短、生产稳定、产品质量好、成本低等一系列突出特点。如图 2-23 所示，CSP 生产工艺流程一般为：电炉或转炉炼钢→钢包精炼炉→薄板坯连铸机→剪切机→辊底式隧道加热炉→粗轧机（或没有）→均热炉（或没有）→事故剪→高压水除鳞机→小立辊轧机（或没有）→精轧机→输出辊道和层流冷却→卷取机。其薄板坯连铸机如图 2-24 所示。薄板坯从铸机拉出，厚 50mm，使用天然气的均热炉加热保温，薄板坯经由高压水除鳞后，通过 4~6 架精轧机轧成 1~2.5mm 热轧带卷，冷却后成卷，卷重约 20t。

CBF-EAF-CSP 配置流程如图 2-25 所示。从钢水到轧制成板卷的时间不到 30min。

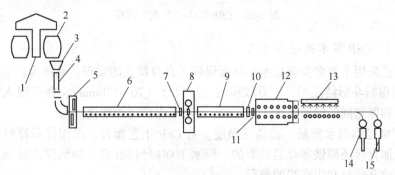

图 2-23　CSP 生产工艺流程

1—回转台；2—钢包；3—中间包；4—连铸机；5—剪切机；6, 9—加热炉；7, 11—除鳞机；
8—粗轧机；10—事故剪；12—精轧机；13—层流冷却；14—卷取机；15—预留卷取机

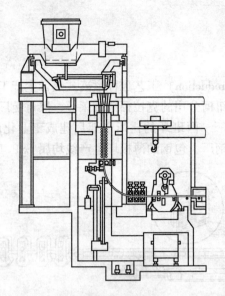

图 2-24 CSP 连铸机部分设备示意图

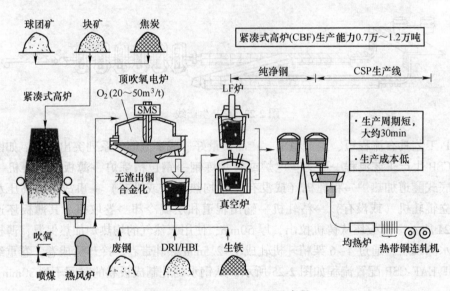

图 2-25 CBF-EAF-CSP 配置流程

2.4.1.2 CSP 技术改进和完善

CSP 工艺采用了许多关键技术，从而保证了自身特点的实现，具体为：

(1) 使用漏斗形结晶器，它有较厚的上口尺寸（70~130mm），便于浸入式长水口的插入，水口和器壁间的间距不少于 25mm，有利于保护渣的熔化。

(2) 严格控制钢水质量，提高纯净度。对 CSP 工艺而言，采用优质原材料、控制废钢杂质、配加直接还原铁等都是必要的，钢水 100% 经钙处理，加铝仅为脱氧，这些措施保证了钢板的高质量和生产线的顺行。

(3) 针对热连轧机在板形控制方面而开发应用了一系列新技术，如轧辊可轴向移动、轧辊热凸度轧制、板厚及平坦度的在线控制等措施，保证了生产 1.0mm 厚度的热轧带卷。

典型的 CSP 生产线，如德国蒂森钢厂 CSP 生产线，其生产线布置及主要工艺参数见图 2-26 和表 2-6。

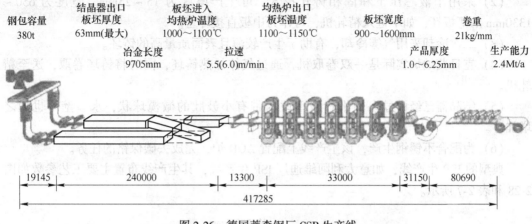

钢包容量	结晶器出口板坯厚度	板坯进入均热炉温度	均热炉出口板坯温度	板坯宽度	卷重
380t	63mm(最大)	1000~1100℃	1100~1150℃	900~1600mm	21kg/mm

冶金长度 9705mm　拉速 5.5(6.0)m/min　产品厚度 1.0~6.25mm　生产能力 2.4Mt/a

19145　240000　13300　33000　31150　80690

417285

图 2-26　德国蒂森钢厂 CSP 生产线

表 2-6　德国蒂森钢厂 CSP 生产线的主要工艺参数

项目	钢包容量/t	结晶器出口厚度/mm	铸坯厚度/mm	铸坯宽度/mm	拉速/m·min^{-1}	铸坯出炉温度/℃	产品厚度/mm	板卷单重/kg·min^{-1}	年产量/万吨
参数	380~400	64	48~63	900~1600	5.5~6.0	1150	1.0~6.25	18~21	240

2.4.2　ISP 工艺技术

ISP（Inline Strip Production）工艺也称在线热带钢生产工艺，是由德马克公司（MDH）与杜伊斯堡的胡金根厂（Huckingen）合作开发的在线热带工艺。该技术已于 1992 年 1 月在意大利阿维迪钢厂建成投产，设计能力为 50 万吨/a。如图 2-27 所示，ISP 生产线的工艺流程一般为：电炉或转炉炼钢→钢包精炼→连铸机→大压下量初轧机→剪切机→感应加热炉→克日莫纳炉→热卷箱→高压水除鳞机→精轧机→输出辊道和层流冷却→卷取机。

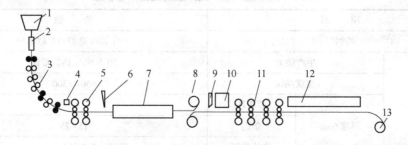

图 2-27　ISP 生产工艺流程

1—中间包；2—结晶器；3—液芯压下；4,10—除鳞机；5—预轧机；6—剪切机；7—感应加热炉；
8—热卷箱；9—事故剪；11—精轧机；12—层流冷却；13—卷取机

ISP 工艺特点：

（1）生产线布置紧凑，不使用长的均热炉，总长度仅 180m，从钢水变成热轧带卷仅需 20~30min。

（2）采用了液芯压下和固相铸轧技术，可生产厚度为 15~25mm、宽度为 650~1330mm 的薄板坯，如不进入精轧机，可作为中板直接外售。

（3）二次冷却采用气雾冷却，有助于生产较薄且表面质量高的铸坯。

（4）克日莫纳炉实际是一双卷取机，通过气体加热铸坯，同时将铸坯卷取，送至精轧机。

（5）结晶器已经由过去的平行板型改为带有小鼓肚的橄榄球状，水口壁厚也随之增加。

（6）为配合不锈钢生产，该生产线上配置 AOD 炉，完成去碳保铬的任务。

典型的 ISP 生产线，如意大利阿维迪厂 ISP 生产线，其生产线布置主要工艺参数如图 2-28 和表 2-7 所示。

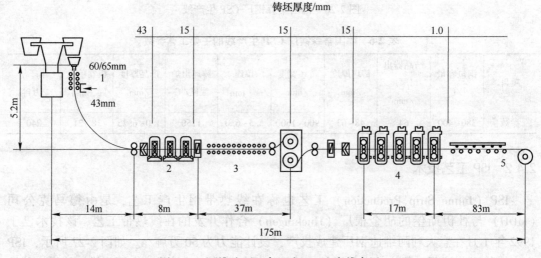

图 2-28　阿维迪厂 1 台 1 流 ISP 生产线布置

1—ISP 铸机；2—压下装置；3—克日莫纳炉；4—精轧机；5—地下卷取机

表 2-7　阿维迪厂 ISP 生产线的主要工艺参数

项　　目			参　　数
炼钢厂			一台 100t 电炉+LF 精炼炉
ISP 铸机	生产能力		70 万吨/a 热轧带钢
	宽度/mm		650~1300
	厚度/mm	薄板坯	43
		条钢	15~25
		热轧带钢	1.0~12.0
	钢种		低碳、高碳、不锈钢
	ISP 铸机		单流、立弯式、多辊矫直、冶金长度 6.5m
	结晶器类型		弧形结晶器，变弧度

典型的 ISP 生产线，如韩国浦项 ISP 生产线，其生产线布置主要工艺参数如图 2-29 和表 2-8 所示。

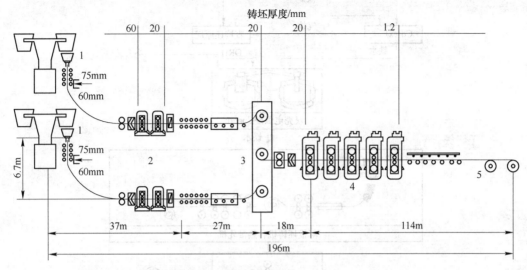

图 2-29 浦项 2 号 ISP 短流程生产线（2 台 1 流）布置

1—ISP 铸机；2—压下装置（粗轧机）；3—带卷处理系统；4—精轧机组；5—地下卷取机

表 2-8 浦项 ISP 生产线的主要工艺参数

项　　目			参　　数
炼钢厂			2×130t 电炉（DC）+2×LHF 钢包精炼炉/2×双壳 VTD-OB
ISP 连铸机	生产能力		180 万吨/a 热轧带卷
	宽度		900~1350mm
	厚度	薄板坯	60mm
		条钢	20~30mm
		热轧带钢	1.2~12.7mm
	钢种		深冲钢、低碳钢、普通结构钢、钢管钢
	ISP 连铸机		二机二流立弯式，冶金长度 11m
	结晶器类型		直结晶器，平行板型
ISP 轧机	粗轧机	形式	2 机架 4 辊式
		工作辊/支承辊直径	$\phi600/1150$mm
		主驱动装置 R1/R2	500/900kW
		铸坯加热	感应加热炉，14MW
		卷取/开卷	自由卷取，5 段式气体加热
	精轧机	形式	5 机架 4 辊式
		工作辊/支承辊直径	$\phi700/1450$mm
		主驱动装置	F1	5000kW
			F2~F4	6000kW
			F5	4000kW
卷取机	形式		两台地下式卷取机
	带卷单重		18kg/mm

图 2-30 所示为南非萨尔达尼亚钢厂的 ISP 生产线工艺流程。

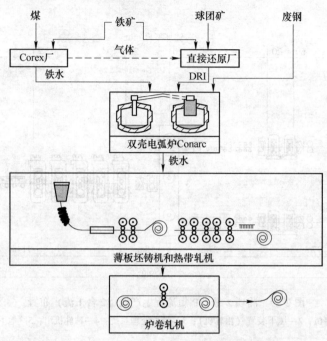

图 2-30 南非萨尔达尼亚钢厂的 ISP 生产线工艺流程

2.4.3 FTSR 工艺技术

FTSR（Flexible Thin Slab Rolling for Quality）工艺被称为生产高质量产品的灵活性薄板坯轧制工艺，是由意大利达涅利（Danieli）公司于 1994 年开发出的又一种薄板坯连铸连轧工艺。它是在 CSP 和 ISP 技术的基础上开发和发展的有自己特色的专有技术。最初在意大利的萨勃拉里亚厂（Sabolarie）对工艺、设备和自动控制等方面进行了开发。比较典型的 FTSR 工艺布置是 1997 年在加拿大安大略省的阿尔戈马（Algoma）钢铁公司建成投产的产量为 200 万吨/a 的双流铸机 FTSR 生产线。世界上已经建成 4 条 FTSR 生产线，我国唐钢、本钢薄板坯连铸连轧生产线即采用该工艺，其工艺参数见表 2-9。

表 2-9 FTSR（FTSC）铸机的主要参数

项　目	参　　数
结晶器厚度/mm	80~50
板坯最终厚度/mm	70~35
板坯宽度/mm	800~1200，1100~1600，1500~2300
结晶器液面控制	带液面传感器的液压塞棒（涡流或其他形式）
预防拉漏系统	用热电偶并取得专利权的计算法
振动装置形式	液压式
振动形式	正弦/锯齿/三角形波
连铸机形式	立弯型

项 目	参 数
结晶器下的封闭区	足辊
顶区	辊式，浇铸时可连续调节缝隙和斜度（液压驱动）
扇形段	辊式，铸造时可连续调节缝隙和斜度（液压驱动）
浇铸速度/m·min^{-1}	2.8~6.6（最高设计浇铸速度为 7.5）
引锭杆	可挠曲的钢带
引锭杆的插入	从底部插入
浸入式水口	整根（一个）
二次冷却方式	气雾冷却
辊子冷却	通过轴孔内部冷却，与板坯冷却分开的冷却系统

达涅利公司认为 FTSR 技术可提供表面和内部质量、力学性能、化学成分均优的汽车工业用的热轧带卷。该技术具有相当的灵活性，浇铸钢种范围较宽，包括包晶钢；板坯厚度、宽度变化范围也较大；直接轧制过程中操作灵活，出现故障时调整速度容易。

2.4.3.1 FTSR 工艺流程

如图 2-31 所示，FTSR 工艺流程一般为：电炉或转炉炼钢→钢包精炼→薄板坯连铸机→旋转式除鳞机→剪切机→辊底式隧道式加热炉→二次除鳞机→立辊轧机→粗轧机→保温辊道→三次除鳞装置→精轧机→输出辊道和带钢冷却段→卷取机。

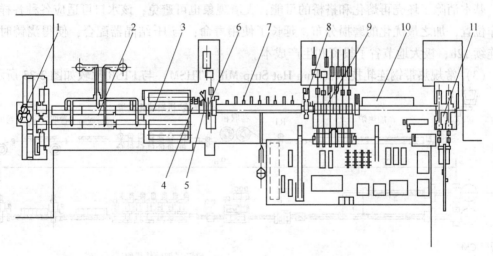

图 2-31 FTSR 生产线布置

1—连铸机；2—旋转式一次除鳞；3—隧道式加热炉；4—二次除鳞；5—立辊轧机；6—粗轧机；
7—保温辊道；8—三次除鳞；9—精轧机；10—输出辊道和层流冷却；11—卷取机

2.4.3.2 FTSR 技术特点

（1）使用 H^{2}结晶器。意大利达涅利公司于 1990 年设计制造了用于薄板坯连铸工艺的 H^{2}高速高质量长漏斗形结晶器，目的在于减小凝固壳的应力。此外，结晶器内较大的容量和轻压下技术的运用增大了结晶器内弯月面的面积，会对钢水流动产生制动作用，从而改善保护渣的工作条件，为提高拉速和铸坯表面质量创造了条件。同时 H^{2}结晶器长漏斗形的内部空间较大，可使用厚壁浸入式水口，延长了其使用寿命。结晶器液面和保护渣厚底自动控制示意图如图 2-32 所示。

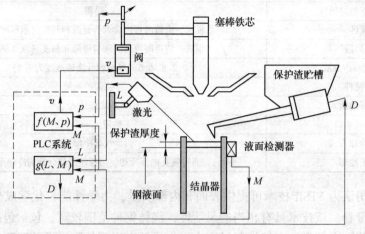

图 2-32　结晶器液面和保护渣厚底自动控制示意图

（2）使用新型浸入式水口。达涅利技术采用的厚壁浸入式水口，有较大的钢水通过速度（1.0~5.1t/min），能防止钢水散流，使其缓慢流入弯月面，从而使结晶器内液面波动最小。浸入式水口的特殊形状可保证在任何拉速条件下都能提供与之相适应的润滑作用，基本消除了坯壳再熔化和搭桥的可能，夹渣现象也可避免；该水口可适应各种各样的工作位置，加之最优化的磨损分布，延长了使用寿命；与 H^2 结晶器配合，使得浇铸时间可连续 12h，极大地节省了投资和生产成本。

（3）常规热带钢连轧技术（Thin Hot Strip Mill, THSM）与 FTSR 比较如图 2-33 所示。

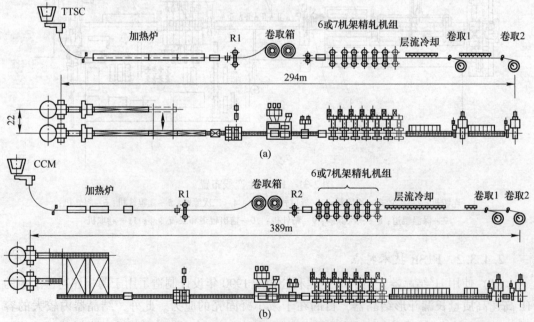

图 2-33　THSM 与 FTSR 车间生产线布置比较
(a) FTSR 车间配置；(b) 半连轧 THSM 车间

（4）FTSR 生产率。达涅利由于对浸入式水口尺寸进行了优化设计，可浇铸 8~10h，按结晶器出口坯厚 80~90mm 计算，每流年产量为 140~160 万吨。拉坯速度与年产量的关系即 FTSR 生产率如图 2-34 所示。

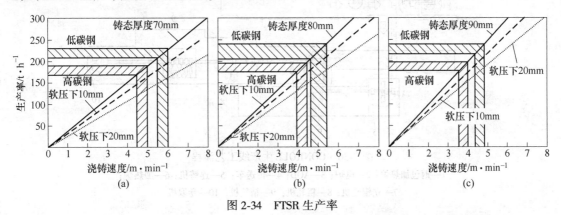

图 2-34 FTSR 生产率

2.4.4 CONROLL 工艺技术

CONROLL 工艺是奥地利奥钢联（VAI）工程技术公司与瑞典的阿维斯塔谢菲尔德（Avesta Sheffield）厂共同开发的用于生产不同钢种（碳钢和不锈钢）的连铸连轧生产工艺。它具有高的生产率，且产品价格便宜。美国的阿姆科钢铁公司的曼斯菲尔德（Armco Mansfield）特钢厂对其设备进行了改造，采用 CONROLL 技术和新的设备布置形式，于 1995 年 4 月正式建成世界上具有直装直轧功能的第一条 CONROLL 生产线。采用步进式加热炉连接中板坯单流铸机和炉卷轧机和半连续轧机，目前世界上采用该工艺的生产线仅有 3 条。图 2-35 为 CONROLL 工艺示意图。图中的 EAF（Electric Arc Furnace）表示电弧炉；AOD（Argon-Oxygen Decarburization）表示氩氧脱碳工艺；LMF（Ladle Metallurgical Furnace）表示钢包冶金炉。

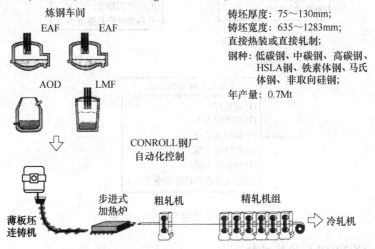

图 2-35 CONROLL 工艺示意图

CONROLL 生产线工艺流程为：常规连铸机→板坯热装（或直接）进步进梁式加热炉→带立辊可逆粗轧机→精轧机架→输出辊道和层流冷却→卷取机，如图 2-36 所示。

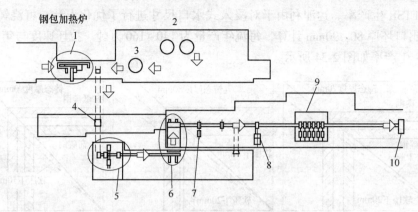

图 2-36　CONROLL 生产线工艺流程

1—钢包加热炉；2—电炉；3—AOD；4—传送车；5—连铸机；6—加热炉；
7—立辊轧机；8—粗轧机；9—精轧机；10—卷取机

2.4.4.1　中厚板连铸的技术优势

由于中厚板连铸工艺起源于多年经验的传统板坯连铸，操作起来具有非常高的灵活性，与薄板坯连铸比较起来中厚板的生产不受任何限制，并且允许使用的浸入式水口和浇铸的钢种范围更宽。**VAI** 的中厚板工艺使用平行板型结晶器，特点是在凝固过程中不会在坯壳上形成有害的应力。应用研究表明，在 5m 弯曲半径的弧形连铸机上连铸 100 ~ 150mm 坯厚时，板坯内部质量是最佳的。中厚板炼制工艺集传统连铸（高的质量和操作灵活性）和薄板坯连铸（装置少和轧制变形量小）工艺的优点于一身，如图 2-37 所示。

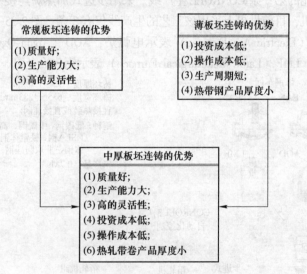

图 2-37　中厚板连铸的技术优势

2.4.4.2　CONROLL 的技术特点

（1）采用平行板型结晶器，不会对初生板坯产生应力，避免了任何变形。

（2）高压除鳞可清除氧化铁皮，为避免温降损失过大，采用了旋转除鳞机，供水量仅是原有的 1/4。

（3）超低头弧形连铸机，半径为5m，比立弯式高度小，可降低厂房高度，尤其是在提高拉速和浇铸高强度钢时优势更加明显。

（4）二次冷却系统应用动态冷却模型，计算铸坯浇铸过程的温度变化，由此来决定冷却方式，可减轻鼓肚、控制板坯生成厚度和提高表面质量。

（5）铸机备有液态软压下（DR）系统。

（6）可以生产包晶钢的热轧带卷。

2.4.4.3　典型的 CONROLL 生产线

典型的 CONROLL 生产线，如鞍钢薄板坯连铸连轧生产线，其主要工艺流程如图 2-38 所示。图中的 BOF（Basic Oxygen Furnace）表示氧气顶吹转炉；LF（Ladle Furnace）表示钢包精炼炉；VD（Vacuum Degassing）表示真空吹氩脱氧。

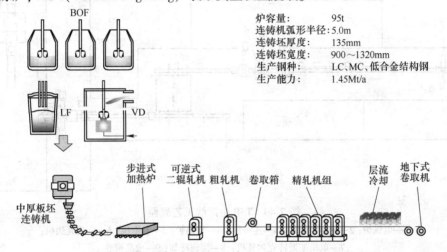

炉容量：　　　　　　95t
连铸机弧形半径：5.0m
连铸坯厚度：　　135mm
连铸坯宽度：　900～1320mm
生产钢种：　LC、MC、低合金结构钢
生产能力：　　1.45Mt/a

图 2-38　鞍钢薄板坯连铸连轧 CONROLL 生产线工艺流程

2.4.5　QSP 工艺技术

QSP（Quality Strip Production）技术是日本住友金属公司与住友重工业有限公司联合开发出的生产中厚板坯的技术，开发的目的在于提高铸机生产能力的同时生产高质量的冷轧薄板。1992 年开始浇铸中薄厚度的铸坯。美国的 North Star BHP Steel 公司于 1996 年 11 月开始生产，美国的 Trico Steel 公司于 1997 年 2 月投产，泰国的 Sian Strip Mill 公司于 1999 年 6 月投产。目前世界上采用该工艺的薄板坯连铸连轧生产线有 3 条。如图 2-39 所示，QSP 生产线工艺流程一般为：电炉或转炉炼钢→钢包精炼炉→薄板坯连铸机→剪切机→辊底式隧道加热炉→立辊轧边机→粗轧机→高压水除鳞机→精轧机→卷取机。

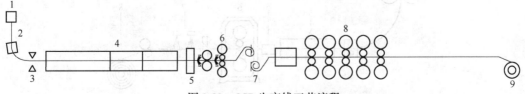

图 2-39　QSP 生产线工艺流程

1—单流连铸机；2—软压下装置；3—剪切机；4—隧道式加热炉；5—立辊轧边机；

6—初轧机、除鳞机；7—除鳞机；8—精轧机；9—卷取机

2.4.6 TSP 工艺技术

倾翻带钢新技术简称 TSP（Tippins-Samsung Process）。如图 2-40 所示，TSP 生产线工艺流程一般为：电弧炉（AC 或 DC）或转炉炼钢→钢包精炼→薄板坯连铸机→步进式加热炉→高压水除鳞机→立辊轧边机→单机架斯特克尔轧机→层流冷却→卷取机。

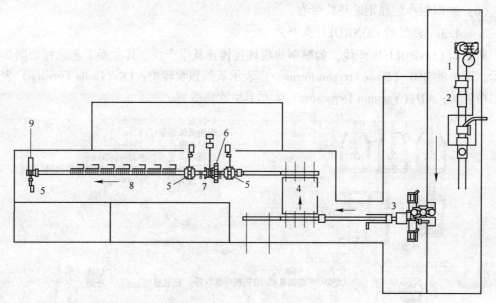

图 2-40 TSP 生产线工艺流程

1—电弧炉；2—钢包精炼炉；3—连铸机；4—均热炉；5—卷取机；6—立辊轧边机；
7—单机架斯特克尔轧机；8—层流冷却；9—成品带卷

2.4.7 CPR 工艺技术

CPR（Casting Pressing Rolling）工艺即铸压轧工艺，用于生产厚度小于 25mm 的合金钢和普碳钢热轧带材。它利用浇铸后的大压下（60% 的极限压下量），仅使用一组轧机，最终可生产厚度为 6.0mm 的薄带卷，也可生产低碳钢、管线钢、铁素体和奥氏体不锈钢及高硅电工钢等。如图 2-41 所示，该生产线包括一台连铸机、一台感应炉、除鳞机、一

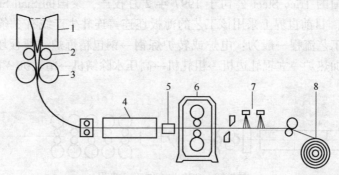

图 2-41 CPR 生产线布置

1—结晶器；2—挤压辊；3—轧制辊；4—感应炉；5—除鳞区；6—轧机；7—冷却区；8—卷取机

台四辊轧机。其工艺流程为：电炉或转炉炼钢→钢包精炼炉→薄板坯铸压轧→感应加热炉→旋转式高压水除鳞机→精轧机→层流冷却→卷取机。

2.4.8 ASP 工艺技术

ASP（Angang Strip Production）工艺即中薄板连铸连轧生产工艺。其特点是在钢铁联合企业中，采用中薄板厚度为 100mm、135mm、150mm、170mm 近终断面铸坯；开发多机多流并线直装的铸机、轧机连接专利技术；应用直装步进式加热炉作为连接缓冲的 CC-CR 技术。生产工艺兼有短流程和常规流程的优点，成为当今热轧带钢生产技术的成熟分支。图 2-42 所示为第一代 ASP（鞍钢 1700）工艺与采用的关键技术。

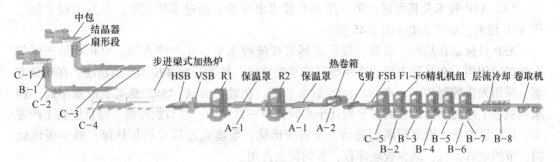

图 2-42　第一代 ASP（鞍钢 1700）工艺与采用的关键技术

A　保温技术

1—保温罩；2—热卷箱

B　保证质量的技术

1—结晶器专家系统；2—高速钢轧辊使用技术；3—LVC 工作辊辊形技术；4—WRS 工作辊轴向移动技术；
5—ASPB 变接触支持辊技术；6—热轧工艺润滑技术；7—厚度控制 AGC；8—控轧控冷技术

C　保证生产组织的技术

1—在线调宽；2—钢坯跟踪；3—二流合一的物流技术；4—长臂装钢机；5—自由轧制技术

（1）ASP 与 CONROLL 的特点对比见表 2-10。

表 2-10　ASP 与 CONROLL 的特点对比

基本特征	CONROLL	ASP
机组特性	小钢厂	联合企业
坯厚/mm	70~80	100~170
	75~125	
机型	直-弧	立弯式
扇形段	渐进弯曲矫直密排分节辊扇形段	多点弯曲矫直密排分布辊扇形段
弧形半径/m	5	5
冶金长度/m	14.6	22.4~23.9
是否液芯压下	无	采用或不用
拉坯速度/m·min^{-1}	3~3.5	1.2~3.3
铸机与轧线关系	单机单流对一条轧线	多机多流对一条轧线
加热炉	步进梁式加热炉	特殊步进梁式加热炉
轧机组成	1、2F 炉卷(6F)	2R+6F(R+6F)
建成、在建	3 机 3 流 220 万吨	3 机 8 流 1000 万吨
单流产能/万吨	70	150

（2）市场定位和产品定位。CONROLL 机组应用于独立的小钢厂，不追求产量发展，产品销售区域小。ASP 适于与钢铁联合企业结合，产能高，各类产品销售范围为世界各地。

目前 3 条 CONROLL 生产线主要生产不锈钢和中板产品。ASP 产品定位为全面低成本覆盖常规流程产品。

（3）工艺流程。CONROLL 是单流中薄板坯连铸技术，由步进炉连接连铸、炉卷轧机或半连轧机，利于不锈钢等特殊产品的小产能生产，不追求直装工艺。ASP 采用多流合一技术，实现全部直装目标，低成本替代常规轧机。因此 ASP 发展了 CONROLL 技术，实现了连铸与连轧的产能匹配，实现了真正的大规模、多品种 CC-CR 流程。

（4）ASP 技术及其发展。第一代 ASP 技术出现后，经过多年发展，开发出现了第二代 ASP 技术，如图 2-43~图 2-45 所示。

ASP 目标是在品种、质量、规模达到常规流程水平。在产能方面，ASP 机组产能与常规机组相当；在品种方面，产品域覆盖常规轧机，具备开发高技术产品功能；在质量方面，采用先进控制技术、产品精度控制水平高；在效率方面，ASP 机组生产效率高，钢水到钢卷工序时间由常规流程平均几十小时减至一百分钟；在节能环保、绿色钢铁生产方面，运行成本低，近终形断面连铸，节省变形能；紧凑式连接节约加热能；减少板坯烧损，节约金属消耗；减少板坯库存，节约资金占用。

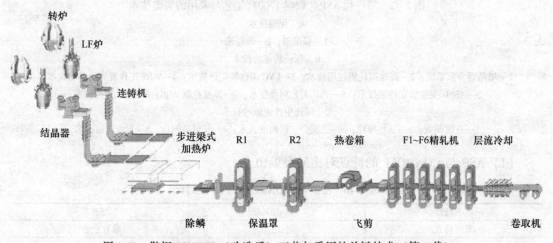

图 2-43 鞍钢 1700ASP（改造后）工艺与采用的关键技术（第二代）

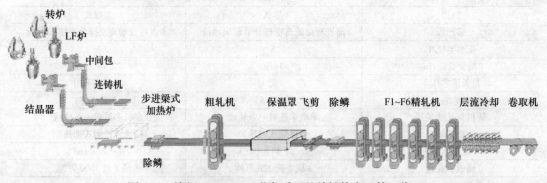

图 2-44 济钢 1700ASP 工艺与采用的关键技术（第二代）

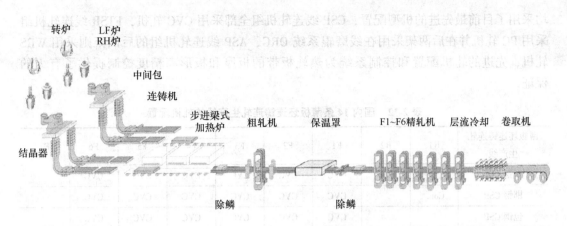

图 2-45 鞍钢 2150ASP 工艺与采用的关键技术（第二代）

2.5 薄板坯连铸连轧工艺对比分析

2.5.1 国内薄板坯连铸连轧生产线的主要工艺参数对比

表 2-11 为国内 14 条薄板坯连铸连轧生产线的主要工艺参数和产能。在"引进、吸收、消化、发展"的总思路指导下，这 14 条线不仅建设顺利，达产顺利，还在多年的生产技术实践中形成了自己的特点，有的还建立了具有自主知识产权的专有体系。

表 2-11 国内 14 条薄板坯连铸连轧生产线的主要工艺参数和产能

序号	企业名称	生产线形式	连铸流数	铸坯厚度/mm	铸坯宽度/mm	年产能/万吨
1	珠钢	CSP	2 流	45~60	1000~1380	180
2	邯钢	CSP	2 流	60~90	900~1680	247
3	包钢	CSP	2 流	50~70	980~1560	200
4	鞍钢	ASP（1700）	2 流	100~135	900~1550	250
5	鞍钢	ASP（2150）	4 流	135~170	1000~1950	500
6	马钢	CSP	2 流	50~90	900~1600	200
7	唐钢	FTSR	2 流	70~90	1235~1600	250
8	涟钢	CSP	2 流	55~70	900~1600	220
9	本钢	FTSR	2 流	70~85	850~1605	280
10	通钢	FTSR	2 流	70~90	900~1560	250
11	济钢	ASP（1700）	2 流	135~150	900~1550	250
12	酒钢	CSP	2 流	50~70	850~1680	200
13	唐山国丰	ZSP（1450）	2 流	130~170	800~1300	200
14	武钢 CSP	CSP	2 流	50~90	900~1600	253

2.5.2 国内薄板坯连铸连轧生产线的轧机配置

表 2-12 为我国 14 条薄板坯连铸连轧生产线的轧机配置情况。可见，连轧机组的配置

均采用了目前最先进的机型配置，CSP 线连轧机组全部采用 CVC 轧机，FTSR 线连轧机组采用 PC 轧机并在后两架采用在线磨辊系统 ORG，ASP 线连轧机组的后四架则采用 WRS 轧机，先进的轧机配置和控制系统为热轧板带的板厚和板形高精度控制提供了有力的保证。

表 2-12 国内 14 条薄板坯连铸连轧生产线的轧机配置

薄板坯连铸连轧生产线	R1	R2	F1	F2	F3	F4	F5	F6	F7
珠钢 CSP			CVC	CVC	CVC	CVC	CVC	CVC	
邯钢 CSP	Con.		CVC	CVC	CVC	CVC	CVC	CVC	
包钢 CSP			CVC	CVC	CVC	CVC	CVC	CVC	
马钢 CSP			CVC	CVC	CVC	CVC	CVC	CVC	CVC
唐钢 FTSR	Con.	Con.	PC	PC	PC	ORG	ORG		
鞍钢 ASP1	V1	Con.	Con.	Con.	WRS	WRS	WRS	WRS	
鞍钢 ASP2	V1	Con.	Con.	Con.	WRS	WRS	WRS	WRS	
涟钢 CSP			CVC	CVC	CVC	CVC	CVC	CVC	CVC
本钢 FTSR	Con.	Con.	PC	PC	PC	ORG	ORG		
济钢 ASP	V1	Con.	Con.	Con.	WRS	WRS	WRS		
通钢 FTSR	Con.	Con.	PC	PC	PC	ORG	ORG		
酒钢 CSP			CVC	CVC	CVC	CVC	CVC	CVC	
国丰 ZSP	V1	Con.	CVC	CVC	CVC	CVC	WRS	WRS	
武钢 CSP			CVC	CVC	CVC	CVC	CVC	CVC	CVC

从世界范围来看，德国西马克（SMS）公司设计的 CSP 热连轧机精轧机组均采用四辊 CVC 机型（图 2-46），CVC 机型因其较强的连续变凸度控制能力已成为目前四辊轧机的主流机型，在国内新引进热连轧机中占有 70% 左右的份额。我国新引进的 CVC 机型的主要特点包括：

（1）采用 6 或 7 机架四辊连续轧机；

（2）工作辊采用 CVC 辊形；

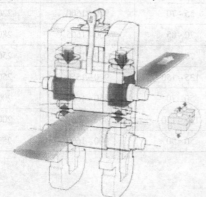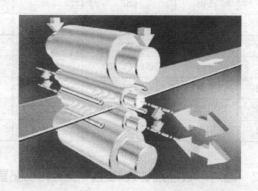

图 2-46 CVC 机型示意图

（3）支持辊采用常规平辊，但在辊身端部设计有倒角；

（4）全机架均配有液压窜辊系统、强力弯辊系统；

（5）现代化自动板形控制系统。

薄板坯连铸连轧生产线轧机的布置方式主要有 6 架轧机和 7 架轧机（表 2-12）。其中 7 架轧机目前占据主流地位，在所统计的 14 条薄板坯连铸连轧生产线占有 12 条。7 架轧机的布置方式有三种，分别为 7 架精轧连轧方式（如马钢 CSP、涟钢 CSP、武钢 CSP）、1 架粗轧+6 架精轧方式（如邯钢 CSP、鞍钢 ASP1、鞍钢 ASP2、济钢 ASP、国丰 ZSP）、2 架粗轧+5 架精轧方式（如唐钢 FTSR、本钢 FTSR、通钢 FTSR）。这三种方式各自优点和缺点如下：

（1）7 架精轧连轧方式。优点：轧机布置紧凑，轧制过程中温度及速度容易控制及保证，对奥氏体轧制无论是单块还是半无头都十分有利。

缺点：1）铁素体轧制时，靠 F1 与 F4 机架间冷却水对中间坯进行冷却，其能力较差，故其铁素体轧制时，容易造成混晶轧制；2）只有 1 次除鳞，能力不强，容易造成带钢表面缺陷；3）无中间坯切头，对轧制薄带时传带不利；4）轧机布置紧凑，处理事故的方便性较差；5）板坯相对较薄，生产量低，半无头轧制块数少。

（2）1 架粗轧+6 架精轧方式。这种布置方式粗轧和精轧之间不能形成连轧，并在粗轧和精轧之间设加热炉对中间坯进行补温。

优点：1）生产组织灵活；2）板坯相对较厚，生产量高；3）两次除鳞，能力强，改善了带钢表面质量；4）精轧机组入口带坯厚度减薄，提高了入口速度，改善了第一机架精轧机的工作条件。

缺点：1）需增加一座加热炉；2）铁素体轧制时，靠精轧机架间冷却水对中间坯进行冷却，其能力较差，故其铁素体轧制时，容易造成混晶轧制；3）不能采用半无头轧制。

（3）2 架粗轧+5 架精轧方式。这种布置方式粗轧和精轧之间仍然是连轧关系，并在粗轧和精轧之间设有保温（冷却）段、切头飞剪和高压水除鳞。

优点：1）能够较好地对中间坯进行冷却，对铁素体轧制十分有利；2）对轧机事故处理相当有利，可减少轧机事故处理时间；3）此布置能够采用两次除鳞，对提高带钢表面质量有利；4）布置的切头飞剪对中间坯进行切头、切尾，有利于薄带轧制时传带；5）由于粗轧和精轧之间轧件有回复和再结晶的时间，有利于产品的性能控制和优化，从而生产性能要求高的品种。

2.5.3 CSP 精轧机组 CVC 辊形设计分析

板带轧制实践表明，随着宽度的增加，四次板形缺陷所占比重明显提高。但对于多数情况下，边浪和中浪仍然是主要的板形缺陷。因此生产实践中 CVC 轧机大都以二次板形为主要控制目标，采用最简单的三次辊形。

对于轧机的上工作辊，3 次 CVC 辊形函数（半径函数）$y_{t0}(x)$ 可用通式表示为：

$$y_{t0}(x) = R_0 + a_1 x + a_2 x^2 + a_3 x^3 \tag{2-1}$$

当轧辊轴向移动距离 s 时（图 2-47 中所示方向为正），上辊辊形函数为 $y_{ts}(x)$ 为：

$$y_{ts}(x) = y_{t0}(x - s) \tag{2-2}$$

根据 CVC 技术上下工作辊的反对称性，可知下辊的辊形函数为：

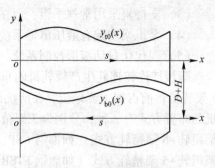

$$y_{b0}(x) = y_{t0}(b - x) \tag{2-3}$$

$$y_{bs}(x) = y_{b0}(x + s) = y_{t0}(b - x - s) \tag{2-4}$$

式中，b 为辊形设计使用长度，一般取为轧辊的辊身长度 L。

于是，辊缝函数 $g(x)$ 为：

$$g(x) = D + H - y_{ts}(x) - y_{bs}(x) \tag{2-5}$$

图 2-47　工作辊辊形及辊缝

式中，D 为轧辊名义直径，H 为辊缝中点开口度。

辊缝凸度 C_w 则为：

$$C_w = g(L/2) - g(0) = \frac{1}{2}a_2L^2 + \frac{3}{4}a_3L^3 - \frac{3}{2}a_3L^2s \tag{2-6}$$

辊缝凸度 C_w 仅与多项式系数 a_2、a_3 有关，且与轧辊轴向移动量 s 呈线性关系。设轧辊轴向移动的行程范围为 $s \in [-s_m, s_m]$，相应的辊缝凸度范围为 $C_w \in [C_1, C_2]$。分别代入式（2-6）有：

$$C_1 = \frac{1}{2}a_2L^2 + \frac{3}{4}a_3L^3 + \frac{3}{2}a_3L^2s_m \tag{2-7}$$

$$C_2 = \frac{1}{2}a_2L^2 + \frac{3}{4}a_3L^3 - \frac{3}{2}a_3L^2s_m \tag{2-8}$$

可解得：

$$a_2 = \frac{(2s_m - L)C_1 + (2s_m + L)C_2}{2L^2s_m} \tag{2-9}$$

$$a_3 = \frac{C_1 - C_2}{3L^2s_m} \tag{2-10}$$

由式（2-6）可知，辊缝凸度与 a_1 无关，所以 a_1 由其他因素确定。若为了减小轧辊轴向力，可以把轧辊轴向力最小作为判据确定 a_1；若为了减小带钢的残余应力改善带钢质量，可以把轧辊辊径差最小作为设计判据。辊径差最小条件可表述为：

$$y_{t0}(0) = \begin{cases} y_{t0}(x_B) & x_B \leqslant b/2 \\ y_{t0}(b) & x_B > b/2 \end{cases} \tag{2-11}$$

可解得：

$$a_1 = \begin{cases} a_2^2/(4a_3) & x_B \leqslant b/2 \\ -L(a_3L + a_2) & x_B > b/2 \end{cases} \tag{2-12}$$

轧辊轴向不移动时，CVC 辊中点的直径就是轧辊的名义直径，即：

$$y_{t0}(L/2) = D/2 \tag{2-13}$$

于是可求得：

$$R_0 = \frac{D}{2} - a_3\left(\frac{L}{2}\right)^3 - a_2\left(\frac{L}{2}\right)^2 - a_1\left(\frac{L}{2}\right) \tag{2-14}$$

2.5.4　薄板坯连铸连轧的 CSP、FTSC 和 QSP 三种工艺比较

薄板坯连铸连轧的 CSP、FTSC 和 QSP 三种工艺比较见表 2-13～表 2-18。

表 2-13 三种工艺生产能力比较

公司 项目	CSP	FTSC	QSP
年产量/t	138.3×10^4	150×10^4	135.9×10^4
铸坯厚度/mm	70/55，65/45	90/70，65	90/70
最大拉速/m·min^{-1}	6.0	6.0	5.0
平均通钢量/t·min^{-1}	3.28	3.67	3.32
年作业时间/d	310	304.8	300.4
纯浇钢时间/d	293.2	292.0	278.2
最长连浇时间/min	540	720	480
平均连浇炉数/炉	11.5	13.6	8.5
铸坯收得率/%	97.82	98.79	99.2
总收得率/%	97.0	97.41	98.0

表 2-14 三种工艺主要技术参数比较

公司 项目	CSP	FTSC	QSP
机型	立弯式	直弧形	直弧形
钢包回转台	蝶式，双臂可单独升降，无限回转	H形，双臂可单独升降，无限回转	H形，双臂可单独升降，无限回转
中间包车	半门式，双速行走，可升降及横向微调	半门式，双速行走，可升降及横向微调	半门式，双速行走，可升降及横向微调
中间包容量/t	36/38	38/42	35/37
结晶器类型	漏斗形	长漏斗形	平行板型
铸坯规格/mm	70/55，65/45	90/70，90/65	90/70
结晶器宽度范围/mm	结晶器Ⅰ 850~1300 结晶器Ⅱ 1220~1680	860~1730	850~1680
结晶器高度/mm	1100	1200	950
扇形段数量/个	4，单独支撑	10	10
冶金长度/m	9.705	14.24	14.2
引锭杆系统	刚性引锭杆	刚性弹簧板式结构	无缝式挠性引锭杆
铸机半径/mm	3250	5000	3500
拉速范围/m·min^{-1}	2.8~6.0	2.5~6.0	2.0~5.0

表 2-15 三种工艺中间包主要技术参数比较

公司 项目	CSP	FTSC	QSP
中间包	工作容量：36t 工作液面：110mm 钢水停留时间：9~10min 特点： （1）通过专门的水模型实验，合理的布置渣墙和渣坝； （2）保证足够的钢水驻留时间； （3）中间包下面有液压驱动的事故闸板	工作容量：38t 工作液面：900mm 钢水停留时间：9min 特点： （1）中间包采用独特的 Heel 技术，减少包内残钢量，提高金属收得率； （2）进行计算机模拟水模型计算，确定合适的渣墙和渣坝； （3）中间包底部有 DEP 垫板，改善钢水的流动状态，保证足够的钢水驻留时间； （4）采用液压驱动的事故闸板	工作容量：35t 工作液面：1300mm 钢水停留时间：8min 特点： （1）进行计算机模型计算，确定合适的渣墙、渣坝安排形式； （2）中间包下面有液压驱动的事故闸板； （3）钢包到中间包建议采用压力箱保护，中间包内不设渣墙和渣坝，并同时向中间包内通入氩气或氮气进行保护，不使用中间包覆盖剂
塞棒控制装置	系统采用电动伺服马达控制塞棒升降，以保证稳定的结晶器液面	系统可实现自动和人工控制，塞棒升降由液压驱动。驱动液压缸带有伺服阀和位置传感器	采用液压系统控制塞棒升降，驱动液压缸带有伺服阀和位置传感器，也可实现手动控制
浸入式水口	类型：优化的 2 孔扁形水口 壁厚：15mm 寿命：540min 特点： （1）结晶器液面平稳，但浇注质量要求较高的钢种或拉速较高时，仍需要 EMBr； （2）浸入式水口自动移动以延长寿命	类型：优化的 4 孔扁圆形水口 壁厚：23~28mm 寿命：≥12h 特点： （1）理想的流场分布； （2）结晶器液面平稳，不需要 EMBr，钢流不冲刷坯壳； （3）浸入式水口上下振动以延长寿命； （4）部分钢液流向结晶器液面，有利于保护渣熔化	类型：优化的 2 孔扁形水口 壁厚：15mm 寿命：480min 特点：结晶器液面平稳，但浇铸质量要求较高的钢种或拉速较高时，仍需要 EMBr

表 2-16 三种工艺结晶器及振动装置的主要技术参数

公司 项目	CSP	FTSC	QSP
类型	漏斗形长 0.7m，在结晶器内转变成平行板结构，宽面垂直平行，窄面为多锥度	漏斗形延至二冷区零段，长 2.1m，宽面垂直平行，窄面为多锥度，带两对足辊	直平行板结晶器，窄面为多锥度，带四对足辊，宽面带一对足辊
上、下口尺寸	上口：170mm；165mm 下口：A：70mm；B：65mm	上口：172.5mm 下口：90mm	上口：90mm 下口：90mm
铜板材质及寿命	Cu-Ag 无内表面镀层 寿命：可修 7~8 次，浇钢 8×10^4t	Cu-Ag 结晶器内表面镀 Ni 寿命：350~400 炉修磨 1 次，可修 6 次	Cu-Cr-Zr 结晶器内表面锥度镀层 寿命：400~500 炉修磨 1 次，可修 5 次

公司 项目	CSP	FTSC	QSP
结晶器调宽	浇铸过程中可调宽调窄；可随操作变化调节结晶器的锥度，使其处于最佳传热状态	浇铸过程中可调宽调窄；可随操作变化调节结晶器的锥度，使其处于最佳传热状态	浇铸过程只能调宽；可随操作参数的变化调节结晶器的锥度，使其处于最佳传热状态
结晶器振动	类型：液压振动 驱动：双液压缸驱动，每个液压缸有一个伺服阀 振幅：最大 10mm 振幅为 +3mm 时，振动频率：400 次/min 加速度：最大 6.5m/s² 振动曲线：正弦或非正弦	类型：液压振动 驱动：双液压缸驱动，每个液压缸有一个伺服阀 振幅：0~10mm 振动频率：0~600 次/min 加速度：20m/s² 振动曲线：正弦或非正弦	类型：电液压驱动 驱动：单个液压缸驱动，液压缸有一个伺服电机和伺服阀 振幅：最大 7.5mm 振动频率：最大 350 次/min 加速度：最大 4.9m/s² 振动曲线：正弦或非正弦
结晶器液面控制	类型：放射性液位控制 控制精度：不用 EMBr 时，+3.0mm；用 EMBr 时，+2.0mm	类型：放射性液位控制+涡流液位控制 控制精度：涡流+2.0mm 放射源：+3.0mm	类型：涡流液位控制 控制精度：+5.0mm

表 2-17 三种工艺二次冷却及软压下的主要技术参数

公司 项目	CSP	FTSC	QSP
连铸机类型	立弯式	直弧形	直弧形
弧形半径/mm	3250	5000	3500
扇形段数量	共 4 段	共 10 段	共 10 段
铸机冶金长度/mm	9705	14240	14200
软压下压下量/mm	15~20	20~25	20
冷却喷嘴类型	水雾化	气水雾化	气水雾化
二次冷却水量/m³·h⁻¹	925	430	1030
二次冷却水压/MPa	1.45	0.7	0.9
冷却水控制回路/个	14	14	16

表 2-18 三种工艺软压下技术的主要技术参数

公司 项目	CSP	FTSC	QSP
压下范围/mm	70~45 或（70~55，65~45）	90~70 或 90~65	90~70
压下段长度/m	完成长度为 1.37	动态控制	完成长度为 0.97
最低拉速/m·min⁻¹	2.8	2.5	2.4

3 薄板坯连铸连轧工艺匹配分析

3.1 轧制压缩比

钢铁生产工艺流程发展方向为连续化、紧凑化、自动化。实现钢铁生产连续化的关键之一是实现钢水铸造凝固和变形过程的连续化，即实现连铸-连轧过程的连续化。连铸与轧制的连续衔接匹配问题包括产量的匹配、铸坯规格的匹配、生产节奏的匹配、温度与热能的衔接与控制以及钢坯表面质量与组织性能的传递与调控等多方面的技术，其中产量、规格和节奏匹配是基本条件，质量控制是基础，而温度与热能的衔接调控则是技术关键。

连铸坯的断面形状和规格受炼钢炉容量及轧材品种规格和质量要求等因素的制约。铸机的生产能力应与炼钢及轧钢的能力相匹配，铸坯的断面和规格应与轧机所需原料及产品规格相匹配（表3-1和表3-2），并保证一定的压缩比（表3-3）。

表 3-1 铸坯的断面和轧机的配合

轧机规格		铸坯断面/mm×mm
高速线材轧机		方坯：（100×100）~（150×150）
400/250 轧机		方坯：（90×90）~（140×140）
		矩形坯：<100×150
500/350 轧机		方坯：（100×100）~（180×180）
		矩形坯：<150×180
650 轧机		方坯：（140×140）~（180×180）
		矩形坯：<140×260
中厚板轧机	2300 轧机	板坯：（120~180）×（700~1000）
	2450 轧机	板坯：（120~180）×（700~1000）
	2800 轧机	板坯：（150~250）×（900~2100）
	3300 轧机	板坯：（150~350）×（1200~2100）
	4200 轧机	板坯：（150~350）×（1200~1600）
热轧带钢轧机	1450 轧机	板坯：（100~200）×（700~1350）
	1700 轧机	板坯：（120~350）×（700~1600）
	2030 轧机	板坯：（120~350）×（900~1900）

表 3-2 铸坯的断面和产品规格的配合

断面/mm×mm	产 品 规 格
≥300×2000 板坯	厚度 4~76mm 板材
250×300 大方坯	56kg/m 钢轨
460×400×120 工字梁铸坯	可轧成 7~30 种不同规格的平行翼缘的工字钢

断面/mm×mm	产品规格
240×280 矩形坯	热轧型钢 DIN1025I 系列的工字梁 1400
225×225 方坯	热轧型钢 DIN1025I 系列的工字梁 1300
194×194 方坯	热轧型钢 DIN1025I$_{PB}$ 系列的工字梁 1200
260×310 矩形坯	热轧工字梁系列 I$_{PB}$ 系列的 I$_{PB}$260
100×100 方坯	热轧 DIN1025 系列工字梁 I120
560×400 大方坯	轧 ϕ406.4mm 无缝钢管
(250×250)~(300×400) 铸坯	轧 ϕ21.3~198.3mm 无缝管
180×180 不锈钢方坯	先轧成 ϕ100mm 圆坯，再轧成 ϕ6mm 仪器用钢丝

表 3-3　各种产品要求的压缩比

最终产品	无缝钢管	型材	厚板	薄板
连铸坯	连铸圆坯	连铸方坯	连铸板坯	连铸板坯
满足产品力学性能所要求的压缩比	1.5~3.2	3.0	2.5~4.0	3.0
有一定安全系数的最小压缩比	4.0	4.0	4.0	4.0

为实现连铸与轧制过程的连续化生产，应使连铸机生产能力略大于炼钢能力，而轧钢能力又要略大于连铸能力（如约大10%），才能保证产量的匹配关系。

表3-3中的轧制压缩比是指铸坯横截面积与所轧钢材横断面积之比，压缩比是为了保证最终产品的组织结构和力学性能所需要的最小变形量，是保证内在质量所需的一个经验数据。高的压缩比可以使变形更彻底，再结晶晶粒细化，性能较好。

对一般普碳钢连铸坯，如生产只要求强度性能达标的钢材产品，压缩比为4~5时就可满足要求。而对于优质钢、合金钢连铸坯，最小压缩比值不得低于10。

炼钢技术的进步提高了钢的纯净度，近终形连铸对凝固过程和凝固组织的优化控制，使得保证钢材性能所需的最小压缩比发生了变化。

除杂质总量外，杂质的种类、粒度和分布也影响压缩比的选择。当钢中 S、P、N、H、O 等杂质总量继续下降时，加上连铸质量的提高，达到钢材基本性能要求的最小压缩比会继续下降。炼钢-连铸-轧钢三者技术进步的相互影响，将最终实现铸-轧一体化，即实现所谓的"极限近终形连铸"加"最小压缩比轧制"的低能耗、低成本的铸-轧一体化。这不仅是板材生产，而且也是棒、线、型材生产发展的要求。

3.2　连铸与连轧衔接工艺类型

3.2.1　连铸与连轧衔接工艺类型

连铸与连轧衔接工艺类型（图3-1和图3-2）主要有以下几种：

（1）类型 1′——CR（Cast-Rolling）；

（2）类型 1 ——CC-DR（Continuous Casting-Direct Rolling）；

（3）类型 2 ——γ-HCR（γ-Hot Charge Rolling）或 DHCR（Direct Hot Charge Rolling）；

（4）类型 3 ——（α+γ）HCR（（α+γ）Hot Charge Rolling）；

（5）类型 4 ——CC-αHCR（Continuous Casting-α-Hot Charge Rolling）；

（6）类型 5 ——CC-CCR（Continuous Casting-Cold Charge Rolling）。

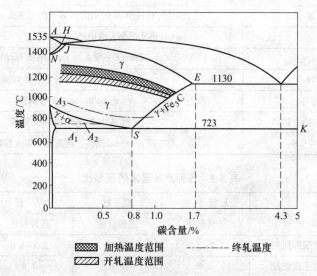

图 3-1　铁碳平衡图

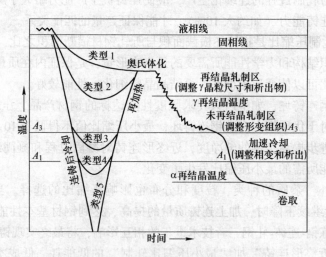

图 3-2　不同衔接工艺类型的温度控制

类型 1 为连铸坯直接轧制工艺，简称 CC-DR（Continuous Casting-Direct Rolling）或称 HDR（Hot Direct Rolling）。

特点：铸坯温度在 1100℃ 以上，铸坯不需进加热炉加热，只需在输送过程中进行补热和均热，即直接送入轧机进行轧制。在连铸机与轧机间只有在线补偿加热而无正式加热炉缓冲工序。

类型 2 为连铸坯直接热装轧制工艺，简称 DHCR（Direct Hot Charge Rolling）；或称为高温热装炉轧制工艺，简称 γ-HCR。

特点：装炉温度在 700~1000℃ 左右，即在 A_3 线以上奥氏体状态直接装炉，加热到轧制温度后进行轧制。只有加热炉缓冲工序且能保持连续高温装炉生产节奏的称为直接（高温）热装轧制工艺。

类型 3、4 为铸坯冷至 A_3 甚至 A_1 线以下温度装炉，称为低温热装轧制工艺，简称 HCR (Hot Charge Rolling)。

特点：装炉温度一般在 400~700℃ 之间。而低温热装工艺，则常在加热炉之前还有保温坑或保温箱等，即采用双重缓冲工序，以解决铸、轧节奏匹配与计划管理问题。

类型 5 为传统的连铸坯冷装炉轧制工艺，简称 CCR (Cold Charge Rolling)。

特点：连铸坯冷至常温后，再装炉加热后轧制，一般连铸坯装炉的温度在 400℃ 以下。

3.2.2 CC-DR 和 HCR 工艺的主要优点

CC-DR 和 HCR 工艺的主要优点有：

(1) 节约能源消耗。节能量与热装或补偿加热入炉温度有关，入炉温度越高，则节能越多；直接轧制比常规冷装炉轧制工艺节能 80%~85%。

(2) 提高成材率，节约金属消耗。加热时间缩短，烧损减少，DHCR 或 CC-DR 工艺可使成材率提高 0.5%~1.5%。

(3) 简化生产工艺流程。减少厂房面积和运输设备，节约基建投资和生产费用。

(4) 生产周期缩短。从投料炼钢到轧制出成品仅需几个小时；直接轧制时从钢水浇铸到轧出成品只需十几分钟。

(5) 产品的质量提高。加热时间短，氧化铁皮少，钢材表面质量好；无加热炉滑道痕迹，使产品厚度精度也得到提高；有利于微合金化及控轧控冷技术的发挥，使钢材组织性能有更大的提高。

3.3 实现连铸-连轧工艺的主要技术关键

3.3.1 连铸坯热装及直接轧制技术发展概况

20 世纪 50 年代初期，开始实验研究工作，先后建立了一些连铸连轧试验性机组进行探讨。20 世纪 60 年代后期，出现了工业生产规模的连铸连轧试验机组。20 世纪 70 年代中期以前，工业性试验研究和初步应用阶段，所采用的主要实验研究方案有在线同步轧制、带液芯轧制、热装炉轧制、直接轧制。20 世纪 70 年代中期后，在线同步轧制停止发展。20 世纪 70 年代末期以来，液芯轧制试验研究报道很少。1972 年 11 月在日本钢管公司京滨厂首次实现 CC-HCR 工艺，到 1979 年日本已有 11 个钢厂实现了 HCR 工艺。

3.3.1.1 连铸-在线同步轧制

连铸与轧制在同一作业线上，铸坯出连铸机后，不经切断即直接进行与铸速同步的轧制。

特点：先轧制后切断，铸与轧同步，铸坯一般要进行在线加热均温或绝热保温，每流连铸需配置专用轧机（行星轧机或摆锻机和连锻机），轧机数目 1~13 架。

优点：生产过程连续化程度高，可实现无头轧制、增大轧材卷重、提高成材率及大幅度节能等。

缺点：操作复杂，对工艺装备和自动控制要求高，增大了技术实现的难度；连铸速度太慢，一般只为轧制速度的10%左右，铸-轧速度不匹配，严重影响轧机能力的发挥，在经济上并不合算；轧制速度太低使轧辊热负荷加大，使辊面灼伤和龟裂，影响了轧辊的使用寿命，增加了换辊的次数。

3.3.1.2 带液芯铸坯的直接轧制

带液芯铸坯的直接轧制是指铸坯未经切断的在线轧制，它除了具有上述在线同步轧制的主要优缺点外，还有其自己的特点。

优点：可减少铸坯中心部位的偏析，消除内部缩裂、中心疏松及缩孔等缺陷；显著降低单位轧制力，有利于节能；铸坯潜热得到充分利用，通过液芯复热更容易保证连铸连轧过程中所需要的较高铸坯温度。

3.3.2 CC-HCR 工艺的优点

在连铸机和轧机之间不存在同步要求，并且可利用加热炉进行中间缓冲，大大减少了两个工序之间互相牵连制约的程度，增大了灵活性，提高了作业率；可实现多流连铸共轧机，使轧机能力得到充分发挥；缩短生产周期，显著节能，可通过加热均温使铸坯塑性改善和变形均匀，有利于钢材质量提高。

CC-HCR 工艺适合于以下情况：连铸机与轧机相距较远，无法直接快速传送；连铸机流数较多，管理较复杂，需要用加热炉作缓冲；轧制产品规格多，需经常换辊和交换及变换规程或轧制宽度大于1500mm宽带钢产品；钢种特性本身要求进行均热以提高铸坯塑性及物理力学性能。

3.3.3 CC-DR 工艺的优点

3.3.3.1 小型材的 CC-DR

美国纽克公司达林顿厂和诺福克厂于20世纪70年代末，采用2流小方坯连铸机配置感应补偿加热炉和13架连轧机，实现了小型材的CC-DR工艺。

3.3.3.2 宽带钢的 CC-DR

新日铁于1981年6月在世界上首次实现了宽带钢CC-DR工艺，同年底日本的室兰厂、新日铁大分厂、君津厂和八幡厂、日本钢管公司福山厂等都相继实现了连铸坯热装和直接轧制工艺。

20世纪80年代中后期，最值得注意的重大新进展主要有远距离连铸-直接轧制工艺。1987年6月新日铁八幡厂实现了远距离CC-DR工艺，随后川崎制铁水岛厂也开发成功了远距离CC-DR工艺。在欧洲，发展比日本晚一些，80年代中期开始。德国不莱梅钢厂装炉温度500℃，热装率30%；德国蒂森钢铁公司的布鲁克豪森厂平均装炉温度为400℃。

3.3.3.3 我国 CC-DR 和 HCR 工艺的研究和应用情况

20世纪80年代中期开始：武钢1985年4月实现了HCR工艺，热装温度在400℃左右，热装率可达60%以上，平均热装温度达550℃以上。

20世纪80年代末：上钢五厂及济南钢铁总厂的远距离HCR工艺。宝钢2050mm热带轧机于 1995 达到热装率为 60%，平均热装温度为 500~550℃。本钢 1700mm 热连轧厂铸坯平均装炉温度为 500℃，热装率 80%左右。

3.3.3.4 实现连铸-连轧，即 CC-DR 和 DHCR 工艺的主要技术关键

（1）连铸坯及轧材质量的保证技术（高温无缺陷铸坯生产技术）。

（2）连铸坯及轧材温度保证和输送技术。

（3）板坯宽度的调节技术和自由程序（灵活）轧制技术。

（4）炼钢-连铸-轧钢一体化生产计划管理技术。

（5）保证工艺与设备的稳定性和可靠性的技术等多项综合技术。

图 3-3 所示为连铸-连轧工艺与主要技术示意图。由图可见，要实现连铸与轧制有节奏地稳定均衡连续化生产，这 5 个方面的技术都必须充分发挥作用。因此也可以广义地讲，这些技术都是连铸与轧制连续生产的衔接技术。但其中在连铸与轧制两工序之间最明显、最直观的衔接技术还是铸坯温度保证与输送技术。

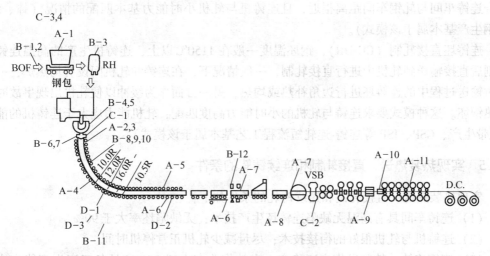

图 3-3　连铸-直接轧制（CC-DR）工艺与采用的关键技术

A　保证温度的技术

1—钢包输送；2—恒高速浇铸；3—板坯测量；4—雾化二次冷却；5—液芯前端位置控制；6—铸机内及辊道周围绝热；
7—短运送线及转盘；8—边部温度补偿器（ETC）；9—边部质量补偿器（EQC）；10—中间坯增厚；11—高速穿带

B　保证质量的技术

1—转炉出渣孔堵塞；2—成分控制；3—真空处理 RH；4—钢包-中间包-结晶器保护；5—加大中间包；
6—结晶器液面控制；7—适当的渣粉；8—缩短辊子间距；9—四点矫直；10—压缩铸造；
11—利用计算机系统判断质量；12—毛刺清理装置

C　保证计划安排的技术

1—高速改变结晶器宽度；2—VSB 宽度大压下；3—生产制度的计算机控制系统；4—减少分级数

D　保证机组可靠性的技术

1—辊子在线调整检查；2—辊子冷却；3—加强铸机及辊子强度

3.3.4　连铸与轧制衔接模式与工艺

连铸坯热送热装和直接轧制工艺的主要优点是：

（1）利用连铸坯冶金热能，节约能源消耗。节能效果显著，直接轧制可比常规冷装

炉加热轧制工艺节能 80% ~ 85%。

（2）提高成材率，节约金属消耗。由于加热时间缩短使铸坯烧损减少，如高温直接热装（DHCR）或直接轧制，可使成材率提高 0.5% ~ 1.5%。

（3）简化生产工艺流程，减少厂房面积和运输各项设备，节约基建投资和生产费用。

（4）大大缩短生产周期，从投料炼钢到轧出成品仅需几个小时；直接轧制时从钢水浇铸到轧出成品只需十几分钟，增强生产调度及流动资金周转的灵活性。

（5）提高产品的质量。大量生产实践表明，由于加热时间短、氧化铁皮少，CC-DHCR 工艺生产的钢材表面质量要比常规工艺的产品好得多。CC-DR 工艺由于铸坯无加热炉滑道冷却痕迹，使产品厚度精度也得到提高。同时能利用连铸连轧工艺保持铸坯在碳氮化物等完全固溶状态下开轧，将会更有利于微合金化及控制轧制控制冷却技术作用的发挥，使钢材组织性能有更大的提高。

连铸坯直接热装轧制（CC-DHCR），这种模式的热装温度一般在 600 ~ 1150℃，比较适合连铸车间与轧钢车间距离很近，且连铸机与轧机小时能力基本匹配的情况（棒、线、型钢生产基本属于该模式）。

连铸坯直接轧制（CC-DR），钢坯温度一般在 1150℃ 以上，连铸机生产的高温连铸坯切割后直接输送到轧机中进行直接轧制，一般情况下，在连铸和轧机间设有均热炉，一方面对输送过程中的连铸坯进行边角补热或均热，另一方面作为缓冲以便轧机出现事故时储存热钢坯。这种模式要求连铸与轧机的小时能力高度匹配，轧机能力应大于连铸机的能力（板带生产、CSP、ISP 等连铸-连轧短流程工艺基本属于该模式）。

3.3.5　实现热装热送、直接轧制和连续铸轧的条件

实现热装热送、直接轧制和连续铸轧的条件如下：

（1）连铸车间具有高温无缺陷连铸坯生产技术；无缺陷坯率大于 90%。

（2）连铸机与轧机很好的衔接技术；尽量减少轧机正常停机时间。

（3）炼钢连铸、轧制操作高度稳定，有效作业率大于 85%，且各工序生产能力应匹配得法。

（4）建立贯穿上、下各工序一体化的生产计划管理和质量保证体系。

（5）在连铸与轧制之间应有缓冲区。

（6）加热炉应能灵活调节燃烧系统，以适应经常波动轧机小时产量以及热坯与坯料之间经常转换。

（7）应设置完善的计算机系统，在炼钢、连铸及轧机之间进行控制和协调。

3.4　铸坯温度保证技术

提高铸坯温度主要靠充分利用其内部冶金热能，其次靠外部加热。后者虽属常用手段，但因时间短，其效果不太大，故一般只用作铸坯边角部补偿加热的措施。

为确保 CC-DR 工艺要求，其板坯所采用的一系列温度保证技术。保证板坯温度的技术主要有：在连铸机上争取铸坯有更高、更均匀的温度（保留更多的冶金热源和凝固潜热）；在输送途中绝热保温及补偿加热等，即争取铸坯保持更高、更均匀的温度；用液芯凝固潜热加热表面的技术，或称为未凝固再加热技术。

以前多考虑钢坯的连铸过程，为了可靠地进行高效率生产，自然要充分冷却铸坯以防止拉漏；现在则又要考虑在连铸之后直接进行轧制，因此为了保证足够的轧制温度，就不能冷却过度。

温度控制中这两个矛盾的方面给连铸连轧增加了操作和技术上的难度。在保证充分冷却以使钢坯不致拉漏的前提下，应合理控制钢流速度和冷却制度，以尽量保证足够的轧制温度。

在连铸机上尽量利用来自铸坯内部的热能，主要靠改变钢流速度和冷却制度来加以控制。由于改变钢流速度要受到炼钢能力配合和顺利拉引的限制，故变化冷却制度（冷却方法、流量及分布等）便成为控制钢坯温度的主要手段。

日本的一些钢厂在二冷段上部采取强冷以防鼓肚和拉漏，在中部和下部利用缓冷或喷雾冷却对凝固长度进行调整，在水平部分利用液芯部分对凝固的外壳进行复热，并利用连铸机内部的绝热进行保温，这就是"上部强冷，下部缓冷，利用水平部液芯进行凝固潜热复热"的冷却制度。通过采用这种制度及保温措施，可使板坯出连铸机时的温度比一般连铸大约高180℃。图3-4所示为保温板坯所要求的温度控制技术。

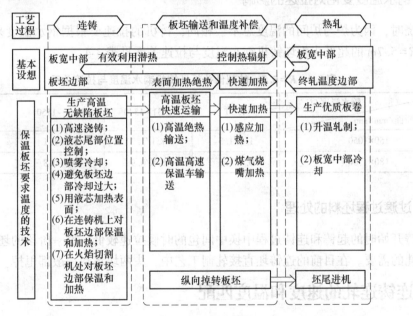

图 3-4 铸坯温度控制技术

3.5 连铸过程的瞬时速度变化

3.5.1 钢水流速对拉坯速度的影响

高拉速操作正面临一系列问题。结晶器内钢水流速和弯月面的湍动加剧，造成凝固壳不稳定，流股冲击深度加大，夹杂物难以上浮，更为严重的是，易将液面上的熔融保护渣卷入到钢水中，形成铸坯中的大颗粒夹杂物，甚至引起漏钢和质量事故。

钢水流速对拉坯速度的影响如图3-5所示。

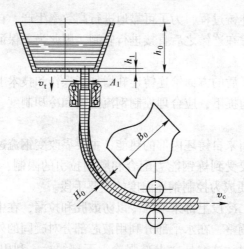

图 3-5 钢水流速对拉坯速度的影响

3.5.2 钢水温度变化对拉速的影响

连浇时，因为炉与炉间的温度总不会相同，铸机的拉速要根据钢水温度来适当调整。例如，$R=5.7$m 的超低头板坯铸机钢水温度与拉速关系见表 3-4。

表 3-4 $R=5.7$m 的超低头板坯铸机钢水温度与拉速关系

钢水温度/℃ 铸坯断面/mm×mm	1530	1531~1540	1541~1550	1551~1560
150×1050	1.2/1.3	1.1/1.2	1.0/1.1	0.9/1.0
180×1300	0.9/1.0	0.8/0.9	0.7/0.8	0.6/0.7

3.5.3 过渡过程坯料的处理

连铸开始时的起铸和连铸过程中换中间包的时候拉速较低，这一阶段的坯料不能满足连铸连轧的需要。在目前的连铸坯直接轧制工艺中，头两块坯料一般都甩掉。

3.6 连铸连轧的速度和温度匹配

3.6.1 连铸连轧的速度匹配

速度匹配问题是为了最大限度地发挥设备能力，在力求均衡设备负荷的前提下达到产量最大的目标。提高浇铸速度的限制因素：一是浇铸过程的稳定性，二是克服高速拉坯带来的质量问题。

（1）由于成品规格的多样化，铸轧之间的速度不可能一一对应。

（2）由于连铸过程和连轧过程工艺的巨大差异，使得铸轧的瞬时速度也不能一一对应。

（3）根据铸轧工艺的连续性条件，连铸连轧间的速度匹配使得传统连铸机的拉速不可能采用无头连铸连轧工艺，最合理的是多流匹配和设置缓冲环节来适应两种工艺过程的短时不协同问题。

（4）无头连铸连轧 ECR（Endless Cast Rolling）技术的问世，打破了连铸机因拉坯速度不高而不能实现无头连铸连轧的工艺过程。

（5）铸轧间的速度匹配要求较高的控制技术。

3.6.2 连铸连轧的温度匹配

3.6.2.1 轧制对温度的要求与铸坯温度特点

连铸过程中，由于钢的冷却强度极大，导致了板坯的温度梯度很大，铸坯断面的温度分布十分不均匀，在不到 10m 的冶金长度内，最大温差达到了 200℃ 左右。

而轧钢要求有较高和稳定的开轧温度，且温度分布要求十分均匀，最大温差应该小于 ±10℃。要将这两个生产环节形成统一、稳定的生产过程确实有许多困难。

连铸坯的温度分布对于决定轧制工艺制定有着极其重要的意义。在连铸坯横截面上，温度分布如图 3-6 所示。

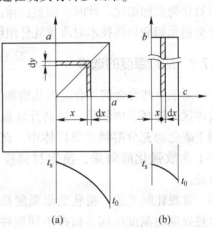

图 3-6 连铸坯横截面上的温度分布

实测表明：在自然冷却条件下，断面上最小温差为：

$$\Delta t_{\min} = t_s - t_0 \approx 1450 - 800 = 650℃$$

可见，轧制之前若不加均热措施，其断面的温差是无法进行直接轧制的。

将方坯与板坯断面平均温度的计算结果进行比较，可以看出：在相同条件下，连铸板坯比连铸方坯的温度散失少了近 100℃，故更有利于实现在线直接轧制；连铸方坯实现连铸连轧，应考虑设置加（补）热设备，否则轧制会有困难。

3.6.2.2 连铸坯的在线保温技术

液芯的凝固和提高钢坯的平均温度是相互矛盾的，为了实现二者统一，需要注意下列相关的温度问题：

（1）为了保证铸坯到达剪切机前，液芯完全凝固，应知道冶金长度，然而这并不容易。为保证提高拉速，适应直接轧制的需要，其结晶器的长度有增加的必要，从而保证结晶器出口安全壳厚。因而长型结晶器成为了一种发展趋势。

（2）软二冷，使进入矫直机的温度保证在 1000℃ 以上。

（3）铸坯被切断后，利用高速辊道运输，或者采用保温辊道输送，以降低温度损失。

（4）铸坯边角部位散热较快，有必要对这些部位采取（补）加热措施。感应加热技术由于具有极富效应面应成为首选技术。

3.7 铸坯热装及加热温度选择

如果冷热坯混装入炉，将造成板坯出炉温度的差别。这样将恶化轧件轧制性能，并使轧制条件恶化。

实践表明，相邻温差 500℃，出炉可产生 50℃ 的温差波动；装炉温差 300℃，可产生

25~30℃的出炉温差。

因此要将温度不同的铸坯根据温差合理编组，使相邻铸坯的温差不大于250℃，并适当增加保温时间和调整炉温曲线。

3.7.1 无相变加热对产品性能影响

对于碳素钢坯，在采用连铸连轧、感应加热或者无头连铸连轧 ECR 等工艺的时候，尽管在结晶器中钢水的冷却强度很大，其二次、三次树枝晶很短，可是由于没有了 $\gamma \rightarrow \alpha$ 和 $\alpha \rightarrow \gamma$ 的相变过程，从细化晶粒角度分析，必然对轧件最终性能产生不利的影响。

对含 Nb、V 等的低合金高强度钢的无相变加热是有利的。对于无相变加热坯料，完全溶解的合金元素因在 A_{r3} 线以上不会以碳氮化物形式析出，且变形过程中始终处于溶解状态，不仅提高了奥氏体再结晶温度，而且细化了奥氏体，由于变形诱导而使弥散析出的碳氮化物更加细化。此时，因奥氏体晶界面积很大，则铁素体形核位置必然增多。所以低合金钢无相变加热技术对改善轧件组织是有利的。

3.7.2 加热温度的选择

对于一些合金钢，合金碳化物如 WC、VC 等的存在提高了钢的熔点，有的扩大了奥氏体区，提高了固相线。提高开轧温度有利于碳化物充分溶解于奥氏体中，充分发挥了弥散强化的效果，使钢材强度得到提高。

常规轧制工艺：精轧变形温度是在正火热处理的温度区间，根据不同钢种，在950℃以下、A_{r3} 之上完成终轧。它是在奥氏体未再结晶区变形，可以得到具有大量变形带的奥氏体未再结晶晶粒，冷却相变后还可以获得晶粒细小的铁素体和珠光体，达到正火热处理的组织性能水平。图3-7所示为巴西 AFP 厂低温精轧工艺的温度范围。表3-5 所示为低温轧制时不同钢种适宜的轧制温度。

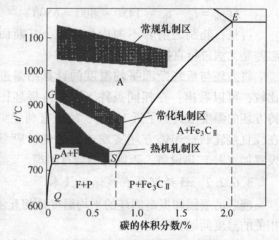

图 3-7 巴西 AFP 厂低温精轧工艺的温度范围

表 3-5 低温轧制时不同钢种适宜的轧制温度

钢 种	机械热处理/℃	正火轧制/℃	钢 种	机械热处理/℃	正火轧制/℃
低碳钢	800~850	880~920	调质低合金钢	780~850	
中碳钢	800~850	860~900	弹簧钢	750~800	850~900
高碳钢	750~800		冷镦钢	780~800	
齿轮钢	750~850		微合金钢	750~800	

3.8　连铸连轧工艺关键技术及技术发展

3.8.1　连铸连轧工艺优势

连铸连轧工艺优势如下：

（1）节能。装炉温越高节能越多，DR 可节省加热能耗 80%～85%，黑匣子工艺可节能 70%～80%甚至可达 90%～100%，即可达到零燃耗。

（2）节钢耗。提高成材率 0.5%～1.5%；事故少，中废少。

（3）短流程。节厂房与设备基建投资与生产费用及人工等；缩短生产周期及资金周转期。

（4）提高产品质量。连铸坯提高质量；表面质量提高，铸坯表面裂纹少，氧化麻点少；坯温均匀，提高厚度精度及板形质量；提高性能，均匀质量，各向异性小；采用 TMCP（Thermo Mechanical Control Process，热机械控制工艺）等技术，控制好晶粒及析出物更有利于微合金化及 TMCP 作用的发挥，提高综合力学性能。

3.8.2　连铸连轧关键技术

连铸连轧关键技术主要有：

（1）炼-铸-轧产量节奏匹配及生产管理技术（计划、物流、技术管理、节奏匹配，尤其在多品种少批量时）。

（2）铸坯轧制温度保证技术：高温均温出坯、保温输送、加热补热技术，实现远距离连铸连轧。

（3）柔性生产技术：包括铸坯品种变换（在线调宽）、自由规程轧制、快速变规格规程、快速换辊换孔换机架及平辊轧制等。

（4）铸坯及产品质量保证技术：包括高温无缺陷铸坯、产品质量保证、控轧控冷技术等。

3.8.3　连铸连轧技术发展

3.8.3.1　棒线材连铸连轧技术的发展

我国小型棒线材生产过去受到坯料和轧机装备水平限制，多采用多火成材工艺，随着炼钢、连铸水平的提高，目前我国棒线材生产大都直接使用连铸坯成材。新建的轧机很多采用 CC-DHCR 工艺，如石家庄、安阳、济南、涟源、韶关、唐山和上海等地钢厂都采用 CC-DHCR 工艺，仅意大利达涅利即有 7 条特钢棒材连铸连轧生产线，在我国江阴兴澄钢厂等处投产。

3.8.3.2　中薄板坯连铸连轧技术的发展

国际上自 1992 年，德国 CSP、ISP 在 Nucor 及 Arvedi 投产以后，1995 年意大利达涅利的 FTSCR、奥钢联（中板坯）CONROLL、日本佳友的 QSP 工艺相继推出投产，至今已有 50 余条生产线投产。另外，国际上，自 1997 年美国 IPSCO 公司蒙特利埃厂的 3450mm 炉卷轧机连铸连轧中板卷投产以来（美国的 TSP 工艺），世界已有 8 套炉卷轧机，我国也有 2～3 条生产线投产。

我国的中薄板坯连铸连轧工艺主要分类情况为 CSP 工艺 (5 家)、FTSR 工艺 (4 家)、CONROLL 工艺 (5 家)。除 CSP 工艺以外，其余都是分为粗轧和精轧两段轧机，而且 CONROLL 工艺粗轧是可逆的，其板坯厚度属中等在 100~150mm 之间，因而可采用容量大、占厂房面积小的国产的步进式炉。邯钢、鞍钢 (ASP) 都申报了发明专利。

现在各家开发的工艺都已是互相嫁接混同了，为提高产品质量品种共同的发展趋向及工艺技术要点为：

(1) 提高钢水质量与纯净度、生产洁净钢是重要基础。所谓超细晶粒钢主要就是超洁净钢加低温大压下控轧控冷生产的。故最好是采用高炉、转炉加精炼炉工艺保证钢水质量。

(2) 为提高铸坯质量与产量及提高压缩比和立辊轧边效率以提高产品品种质量，增大铸坯厚度成为技术发展趋势。尤其为了满足结晶器内流场及保护渣的熔化条件改善铸坯表面质量 (减少卷渣)，应增大厚度。现 CSP 已由 40~50mm 增至 60~70mm，ISP 增至 70~90mm，FTSC 采用 70~90mm，QSP 用 70~100mm，CONROLL 及 TSP 用 120~150mm 厚的板坯。

(3) 中薄连铸坯必须连铸连轧、必须控轧控冷，轧机应分粗、精轧二组，必须是强力型轧机，每道次压下大于 50%~40%，便于控轧控冷，高度自动控制。就 (2) 与 (3) 而言，FTSCR 与 CONROLL 工艺都比 CSP 工艺优越。

(4) CONROLL、ASP 工艺优点：采用厚坯便于连铸及采用步进式加热炉。轧机分粗、精轧二组，且粗轧为带立辊可逆，经济灵活。粗轧后采用热卷取箱，实现均温恒速轧制。

(5) 提高轧速，产品向薄及超薄方向发展。薄、超薄可减少冷轧量，部分替代冷轧品及热轧直接镀锌板。据统计，现冷轧带在 0.6~1.2mm 者占 60%，故超薄热轧可替代冷轧 50%~60%。

3.9   连铸连轧的金属学特点和工艺衔接技术

3.9.1   连铸连轧的金属学特点

与传统工艺相比，连铸连轧具有以下特点：

(1) 铸坯热履历不同使原始晶粒组织不同。

1) 近终形连铸快冷，枝晶短，晶粒细小均匀，偏析少；

2) 单历程无相变细化晶粒作用，无 γ-α-γ，易使原始 γ 晶粒粗大，(α+γ)-HCR 甚至易产生混晶 (原 γ 长大，α 被吞蚀或变成细的新 γ 晶粒)。这只有通过粗轧高温大压下再结晶作用来补救，但低温热装却与冷装无异。

(2) 热加工履历不同，液芯软压下改善中心组织，晶粒细化作用大，疏松偏析少。

(3) 热加工履历不同，N、C、S 等析出物的固溶析出历程和机制不同，其形态分布通过控轧控冷更易控制，更有利于合金元素作用的发挥和组织性能的提高。冷装既析出再固溶较难；连铸连轧时无 (少) 析出，始终固溶再经变形诱导析出，更细、更均布，未析出部分再经相变沉淀硬化，进一步提高性能质量。

(4) 连铸连轧工艺控制得当更有利于钢的高温塑性，防止裂纹等缺陷的产生，提高成型质量，CC-DR、DHCR 可以防止"红送裂纹"产生。

3.9.2 连铸连轧工艺衔接技术

在 CC-DR、CC-DHCR 生产方式中，连铸与连轧直接连接。为了按合同要求的产品规格、材质、交货期组织生产，连铸与连轧工艺必须具有必要的衔接技术。

（1）连铸板坯在线宽度调节技术。连铸机结晶器在线宽度调节技术已经得到广泛应用，目前的技术要点是怎样减少宽度变化区的板坯长度和如何加快宽度调整的速度。

（2）轧线宽度控制技术。尽管连铸机可以进行板坯宽度调整，但一则其能力有限，二则为了稳定浇铸作业，减少锥形板坯长度，应尽量减少结晶器在线宽度的调节变化，将调节板坯宽度规格的主要任务交给轧线完成。一般轧线采用定宽压力机和大立辊破鳞机，实现宽度大压下轧制。

（3）"无序"轧制技术（又称自由规程轧制技术）。所谓"无序"轧制，是指轧线对板坯规格没有严格的要求。为了实现"无序"轧制，必须大力减少轧辊的磨损，延长轧辊使用寿命，保证板带的板形和厚度精度质量。一般采用的主要技术有窜辊技术（工作辊移动技术）、板形和厚度精度控制技术、在线磨辊技术（ORG）。

4 典型薄板坯连铸连轧技术主要机组分析

短流程生产方式即薄板坯连铸连轧技术，是 20 世纪 80 年代后期发展起来的一种新工艺。与传统的带钢热轧工艺相比，可大大缩短生产环节，节约能源，降低生产成本，降低设备故障率、备件费用及检修费用等。世界上第一条薄板连铸连轧生产线于 1989 年在美国纽克（Nucor）公司克拉福兹维莱钢厂建成生产，目前在全世界范围内已建或在建的有近 40 条生产线。德国原施罗曼·西马克公司开发的 CSP（Compact Strip Production）技术是短流程技术中最典型也是应用最广泛的生产方式。我国的邯钢、包钢、唐钢、珠江钢厂以及兰州钢厂都采用了 CSP 技术。除了 CSP 生产方式外，典型的短流程生产方式还有德国原曼内斯曼·德马克公司开发的 ISP（Inline Strip Production）工艺；意大利达涅利公司开发的 FTSRQ（Flexible Thin Slab Rolling for Quality）工艺；奥地利奥钢联工程技术公司开发的 CONROLL 技术；美国蒂金斯公司开发的 TSP（Tippins-Samsung Process）工艺；SMS 公司、蒂森公司和法国尤诺尔沙西洛尔公司共同开发的 CPR 工艺（Casting Pressing Rolling）；日本住友金属公司开发的 Sumitomo 工艺等。

4.1 1880mm 薄板坯连铸连轧机

本钢 1880mm 薄板坯连铸连轧生产线于 2005 年投产，工艺布置采用意大利达涅利公司的 FTSR（Flexible Thin Slab Rolling）技术，机组机械以及电气控制系统均为日本三菱公司技术，达到了世界短流程轧机的先进水平，可以生产厚度为 0.8~12.7mm、宽度为 850~1750mm 的产品，最大卷重 31.5t，可以稳定地生产厚度为 1.2mm 和 1.5mm 的薄规格产品，设计最高年产量为 280 万吨。

图 4-1 所示为某 1880mm 薄板坯连铸连轧机工艺流程示意图，其主要包括 2 线加热炉、

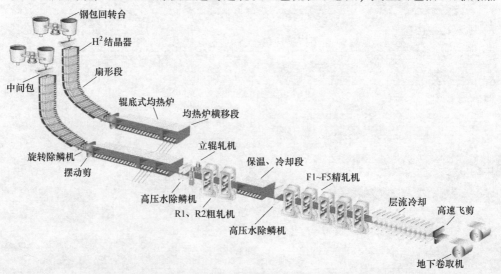

图 4-1 某 1880mm 薄板坯连铸连轧生产线工艺流程示意图

8 架轧机、1 套层流冷却装置、2 台卷取机等。

表 4-1 为某 1880mm 薄板坯连铸连轧机的原料与产品规格范围。

表 4-1 某 1880mm 薄板坯连铸连轧机的原料与产品规格范围

板 坯		数 值
原料尺寸规格	厚度/mm	70、85、90
	宽度/mm	850~1750
	长度/m	单坯：10~33；半无头：最大 220
	最大重量/t	单坯：31.5
产品规格	厚度/mm	0.8~12.7
	宽度/mm	850~1750
	内径/mm	762
	外径/mm	2000（最大可卷 2100）
	最大卷重/t	31.5

表 4-2 为某 1880mm 薄板坯连铸连轧机的加热炉参数。

表 4-2 某 1880mm 薄板坯连铸连轧机的加热炉参数

炉子 项目	A 线炉	B 线炉
形式	横移式，隧道式辊底炉	
炉长	234.735	192.355
炉膛内宽×炉膛高	2030×1020	2030×1020
板坯出炉温度	1150	

表 4-3 为某 1880mm 薄板坯连铸连轧机的粗轧机参数。

表 4-3 某 1880mm 薄板坯连铸连轧机的粗轧机参数

机架号 项目		E1	R1	R2
轧机形式		—	四辊不可逆轧机	
轧制力/kN		900	39200	39200
电机功率/kW		AC2×110	AC6600	AC6600
电机转速/r·min⁻¹		200	108/190	108/190
轧制速度/m·min⁻¹		28.8	45/79	65/114
工作辊	直径/mm	640/580	950/850	950/850
	辊身长/mm	380	1880	1880
支持辊	直径/mm	—	1450/1300	1450/1300
	辊身长/mm	—	1860	1860

表 4-4 为某 1880mm 薄板坯连铸连轧机的中间冷却系统、保温罩和飞剪参数。

表 4-4   某 1880mm 薄板坯连铸连轧机的中间冷却系统、保温罩和飞剪参数

保温罩	形 式	液压倾覆式
	长度	大约 800mm
中间冷却系统	形式	层流式高挂水箱
轧制速度	总流量	大约 2500m³/h
飞剪	形式	转鼓式双剪刃飞剪
	主电机	AC170kW×495r/min
	最大剪切力	4155kN

表 4-5 为某 1880mm 薄板坯连铸连轧机的精轧机参数。

表 4-5   某 1880mm 薄板坯连铸连轧机的精轧机参数

机架号 项目	F1	F2	F3	F4	F5
形式	连轧				
允许最大轧制力/kN	39200	39200	39200	29400	29400
轧制速度/m·min⁻¹	109/289	186/494	295/783	414/1102	603/1366
主电机功率/kW	10000	10000	10000	10000	7500
主电机转速/r·min⁻¹	220/585	220/585	220/585	220/585	320/725
工作辊直径/mm	780/700	780/700	780/700	600/530	600/530
工作辊长度/mm	1880	1880	1880	2080	2080
支持辊直径/mm	1450/1300	1450/1300	1450/1300	1360/1230	1360/1230
支持辊长度/mm	1860	1860	1860	1860	1860

表 4-6 为某 1880mm 薄板坯连铸连轧机的层流冷却参数。

表 4-6   某 1880mm 薄板坯连铸连轧机的层流冷却参数

项 目	装 置
总长/m	28
分段	6
最大用水/m³·h⁻¹	6300
卷取机卷取温度/℃	450~750

表 4-7 为某 1880mm 薄板坯连铸连轧机的高速飞剪。

表 4-7   某 1880mm 薄板坯连铸连轧机的高速飞剪

项 目	技术参数	项 目	技术参数
类型	转鼓式偏心剪	宽度规格/mm	800~1750
剪切能力	低碳钢、中低碳钢	剪切速度/m·min⁻¹	最大 1100
剪切温度/℃	最小 650	剪鼓传动电机	1-AC150kW×560r/min
厚度规格/mm	0.8~6.0	偏心轴传动电机	1-AC150kW×1000r/min

表 4-8 为某 1880mm 薄板坯连铸连轧机的卷取机参数。

表 4-8 某 1880mm 薄板坯连铸连轧机的卷取机参数

项目 卷取机	1 号卷取机	2 号卷取机
形式	四助卷辊液压踏步式	四助卷辊液压踏步式
板卷厚×宽/mm×mm	(0.8~12.7)×(850~1750)	(0.8~12.7)×(850~1750)
板卷外径/mm	1200~2000	1200~2000
板卷质量/t	最大 31.5	最大 31.5
最高卷速/m·min^{-1}	1100	1100

图 4-2 为某 1880mm 薄板坯连铸连轧机的外形尺寸精度控制示意图。

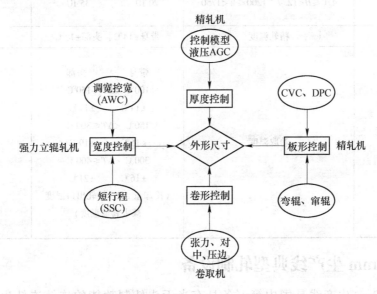

图 4-2 某 1880mm 薄板坯连铸连轧机的外形尺寸精度控制示意图

表 4-9 为某 1880mm 薄板坯连铸连轧机的质量控制精度。

表 4-9 某 1880mm 薄板坯连铸连轧机的质量控制精度

质量控制项目	厚度控制范围/mm		保证偏差		百分数
	厚度	宽度	带身 头	尾	
厚度精度	0.8≤H<1.2	850≤W<1200	±16μm	±40μm	95%
	1.2≤H<2.5	850≤W<1200	±20μm	±45μm	
	1.2≤H<2.5	1200≤W≤1750	±25μm	±48μm	
	2.5≤H<4.0	850≤W<1200	±0.9%×H±48μm		
	2.5≤H<4.0	1200≤W≤1750	±1.0%×H±50μm		
	4.0≤H≤12.7	850≤W≤1750	±0.8%×H±1.2%×H		
宽度精度	全部		0~9mm		95.4%

质量控制项目	厚度控制范围/mm	保证偏差	百分数
板凸度精度	全部	头部（T：厚度） $T\leqslant4.0mm\pm20\mu m$ $T>4.0mm\pm0.5\%\times T$ 带身 $T\leqslant4.0mm\pm18\mu m$ $T>4.0mm\pm0.45\%\times T$	95%
平坦度精度	厚度　　　　宽度 $0.8\leqslant H<4.0$　$850\leqslant W<1200$ $0.8\leqslant H<4.0$　$1200\leqslant W<1750$ $4.0\leqslant H<12.7$　$850\leqslant W<1200$ $4.0\leqslant H<12.7$　$1200\leqslant W<1750$	带身　　头部（无张力） 20 IU　　35 IU 22 IU　　37 IU 18 IU　　33 IU 20 IU　　35 IU	95%
温度控制精度	精轧温度	带身±14℃，头部±17℃	95.5%
	卷取温度	带身　　　　头部 100℃ $<\Delta T\leqslant$150℃ ±14℃　　　±17℃ 150℃ $<\Delta T\leqslant$300℃ ±15℃　　　±19℃ 300℃ $<\Delta T\leqslant$400℃ ±16℃　　　±21℃ （冷却量 ΔT：精轧出口温度 减去卷取温度）	95%

4.2　1810mm 生产线典型轧制设备

　　唐钢 1810mm 生产线是国内第一条具有半无头轧制功能的连铸连轧生产线，采用 DANIELI 的 FTSC 连铸机，铸坯厚度 65~90mm；采用 BRICMONT 公司的辊底式均热炉，炉长 230.195m；轧机由 DANIELI 和三菱重工共同设计，采用 2RM+5FM（2 架粗轧机+5 架精轧机）的布置形式，具有动态 PC 和 FGC 功能；卷取区采用了石川岛播磨设计制造的高速飞剪、双地下卷取机。该生产线设计年产量 250 万吨，设计厚度规格 0.8~12.7mm。1810mm 生产线的布置如图 4-3 所示。

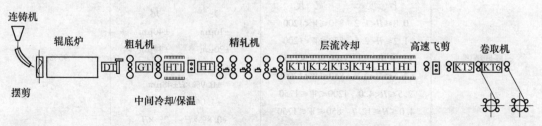

图 4-3　唐钢 1810mm 生产线布置

（1）轧机区设备。轧机区设备布置从加热炉出口至层流冷却入口，包括粗轧入口辊道、粗轧机（R1、R2）、中间辊道、中间冷却/保温罩、切头剪、精轧机（F1~F5）。

1）R1 进口设备。

① R1 进口辊道。R1 进口辊道安装在辊底式加热炉和立辊轧机 E1 之间，用于输送热板坯。

技术参数为：

数量：1 组

辊道长度：辊道头尾辊中心距为 6540mm

辊间距：1090mm

辊道速度：大约 22m/min（最大）

电机：7 台齿轮电机

② R1 进口夹送辊。R1 进口夹送辊安装在 R1 轧机进口辊道末端，立辊轧机前，夹送辊上辊由气缸控制压在板坯上面，用于防止 R1 除鳞水从板坯表面溅入加热炉。

技术参数为：

辊速：大约 22m/min

电机：一台（带齿轮箱）电机

辊缝：65~370mm，气缸驱动辊缝开闭，手动调节缸杆端部的螺母补偿由于辊子的磨损导致的辊缝变化

③ 火焰切割机。火焰切割机安装在辊底炉出口侧，切割未进行轧制的板坯。

技术参数为：

被切割产品说明：厚度：50mm，70mm，90mm；宽度：850~1680mm；温度：800℃

介质：每台设备的最高消耗

剪切喷嘴：SDS36F（2 个喷嘴）

氧气：160m³/h

丙烷：70m³/h

冷却水：60m³/h

④ R1 进口侧导板。此设备安装在 R1 轧机前面的立辊轧机进口侧，它的作用是引导板坯进入轧机。

技术参数为：

类型：电机驱动齿轮齿条型

导板头部长度：斜板部分约 3000mm，平行板部分约 2500mm

侧导板开口度：800~1810mm

调整速度：75mm/s

电机：1-AC7.5kW，900r/min

2）立辊轧机 E1。

① 立辊轧机 E1。立辊轧机安装在 R1 粗轧机前面，用于成品宽度控制。

技术参数为：

宽度压下量：最大 27mm（13.5mm/边），板坯厚度为 90mm；

　　　　　　最大 30~35mm（15~17.5mm/边），板坯厚度为 70mm

轧制力：最大 100t

轧制速度：最大 22r/min（新辊）

主传动电机：2-AC 成对的水平电机

轧辊开口度：最大 1770mm，最小 800mm

轧辊：最大 ϕ640mm，最小 ϕ580mm，辊身长 380mm

② 立辊轧机换辊装置。立辊轧机换辊是使用专用吊具由主轧跨天车进行更换。

3）R1 粗轧机。

① R1 粗轧机。R1 为四辊轧机，安装在立辊轧机后，驱动主要由调速电机、减速器、齿轮机座及轧机接轴构成。

技术参数为：

类型：四辊不可逆轧机

最大轧制力：4000t

轧制速度：43~77m/min（最大辊径）

主驱动电机：AC6600kW×108/190r/min

轧轧力测量：每架装有两个负荷传感器，能力 2000t/个传感器

工作辊（中铬合金铸铁辊）：辊径最大 ϕ1050mm、最小 ϕ980mm，辊身长度 1810mm

支持辊（锻钢）：辊径最大 ϕ1450mm、最小 ϕ1300mm，辊身长度 1790mm

② R1 除鳞机。R1 除鳞机位于 R1 轧机前，用于清除板坯表面氧化铁皮。喷头可根据板厚调整。

技术参数为：

类型：带一对除鳞头高压除鳞

水压：约 38MPa（387kgf/cm^2）

流量：1890L/min/2 个喷头

喷头高度调整：液压缸控制

喷水宽度：约 1780mm

③ R1 工作辊换辊装置。该装置安装在轧机工作侧，主要用于轧机换辊。

技术参数为：

工作辊换辊时间：最多 10min，从轧机抽出及复位

④ R1 支持辊换辊装置。支持辊换辊装置位于轧机操作侧地下，主要用于更换支持辊。

技术参数为：

类型：带液压缸的换辊小车型

4）R2 进口辊道。

① R2 进口辊道。此辊道安装在 R1 和 R2 之间，用于将板坯从 R1 输送到 R2 轧机。

技术参数为：

辊道长度：2745mm（首末辊的中心距）

辊速：约 77m/min（最大）

电机：齿轮电机 4-AC

② R2 进口侧导板。此设备安装在 R1 和 R2 轧机之间，用于将板坯顺利导入 R2

轧机。

技术参数为：

类型：电机驱动齿轮齿条型

导板：长度约 2500mm

导板开口度：800～1810mm

5）R2 粗轧机。

① R2 粗轧机。R2 机为四辊轧机，传动经调速电机、减速机、齿轮机座到轧机接轴。R2 粗轧机距 R1 粗轧机 6900mm，R2 和 R1 及精轧机形成连轧。

技术参数为：

类型：四辊不可逆轧机

最大轧制力：4000t

轧制速度：55～98m/min（最大辊径）

轧制开口度：100mm（最大辊径）

主驱动电机：AC6600kW×108/190r/min

工作辊（高铬合金铸铁辊）：辊径最大 φ825mm、最小 φ735mm，辊身长度 1810mm

支持辊（锻钢）：辊径最大 φ1450mm、最小 φ1300mm，辊身长度 1790mm

上出口卫板：安装了硬毡刷，由液压缸控制其伸缩

下出口卫板：安装了硬毡刷，由液压缸控制其伸缩

② R2 工作辊换辊装置。该装置安装在轧机工作侧，主要用于轧机换辊。

技术参数为：

工作辊换辊时间：最多 10min，从轧机抽出及复位

③ R2 支持辊换辊装置。支持辊换辊装置位于轧机操作侧地下，主要用于更换支持辊。

技术参数为：

类型：带液压缸的换辊小车型

6）中间辊道区。

① 中间辊道。中间辊道位于 R2 粗轧机后，切头剪前，用于将中间坯输送至切头剪。

技术参数为：

数量：2 组

形式：单独直接驱动的空心辊子

辊道长度：头尾两辊中心线距离 11880mm

辊道辊子：φ300mm×1810mm

辊子数量：17 个

② 保温罩。保温罩安装在粗轧和精轧之间的轧机工作侧，目的是用于奥氏体轧制时，减少温降。保温罩可开闭。

技术参数为：

形式：带液压缸翻转机构的保温罩

保温罩：总长度 9000mm

　　　　内侧宽度 2100mm

③ 中间冷却系统。冷却系统安装在粗轧和精轧之间的轧机驱动侧，用于铁素体轧制时对中间坯进行冷却，为层流冷却方式，顶部喷水部分通过液压缸可翻转。

技术参数为：

冷却系统：层流冷却

压力调整机构：轧线侧高位水箱系统。由一个液位计测量水位（顶部水箱容量$12m^3$）

冷却水梁：2 组

冷却水温度：35℃

④ 切头剪进口侧导板。侧导板安装在切头剪前，使板坯对中，并导入切头剪。侧导板主要有斜向导板、推杆及驱动装置组成。

技术参数为：

类型：电机驱动齿轮齿条

侧导板种类：斜向导板

导板长度：2615mm

侧导板开口度：800~1810mm

⑤ 切头剪。切头剪位于精轧机前，轧制薄规格产品时用于切除粗轧坯的头、尾，并用于事故剪切。废料头由剪下面的溜槽导入废钢斗。

技术参数为：

类型：异周速剪切型转鼓剪

切头剪剪切能力见表 4-10。

电机：1-AC100kW

剪刃：每一个转鼓安装一个合金钢平剪刃

剪刃长度：1830mm

废钢处理装置：

溜槽形式：固定式，将废钢导入剪地坑

溜槽门：液压缸控制型，液压缸一个

废钢斗：装载能力约 12t

表 4-10　切头剪剪切能力

材　料	低碳钢	HSLA（废钢剪切时）
厚度×宽度/mm×mm	最大 20×1680	最大 30×1680
温度/℃	≥850	≥800
剪切力/t	约 370	约 800
切头长度/mm	最大 500	

7）精轧区。

① 精轧除鳞机。精轧除鳞机位于第一架精轧机前，用于清除轧件表面的氧化铁皮。除鳞机由机架、两个夹送辊、两个辊道辊、两对除鳞头（一对备用）和所需附件组成，它们封闭在一个可旋转的喷罩中。

技术参数为：

类型：带夹送辊的高压水除鳞机

水压：约 38MPa（387kgf/cm^2）

流量：2520L/min/FSB

喷水宽度：约 1780mm

上夹送辊：电机单独驱动

辊子尺寸：ϕ510mm×1950mm

下夹送辊：

　　形式：实心锻钢，电机单独驱动

　　辊子尺寸：ϕ300mm×1950mm

辊道辊：

　　数量：2 个

　　除鳞头：2 对（1 对为备用）

　　除鳞头高度调整：2 个液压缸控制（2 个位置）

　　② 精轧机（F1~F5）。五机架四辊精轧机纵向排列，间距为 5800mm；F1~F3 为 PC 轧机，F1~F5 均有正弯辊系统，F4~F5 有负弯辊。所有机架均设置液压伺服阀控制的 AGC 系统；工作辊轴承为四列圆锥滚动（F1~F3 PC 轧机带有止推轴承），平衡块中安装工作辊平衡缸（正弯辊缸）。支持辊采用油膜轴承并配有静压系统；轧机工作侧工作辊轴承座配有夹紧装置，用于保证轧制过程中辊系的稳定。为了保证轧制线水平，上下支持辊轴承座上部（下部）装有调整垫进行补偿。F4~F5 安装 ORG 系统用于工作辊表面的磨削；轧机出口安装有上下导板及卫板；为保证带钢平稳输送，F5 轧机出口安装有机架辊。轧机进出口侧均安装冷却水管。工艺润滑装在进口上下刮水板架上，除尘喷水安装在每个机架的出口侧。

技术参数为：

数量：5 架

类型：四辊不可逆轧机

最大轧制力：4000t/机架

开口度：50mm（最大辊径时）

工作辊：

　　F1~F3 直径：ϕ825~735mm

　　辊身长度：1810mm

　　材质：高铬合金铸铁

　　F4~F5 直径：ϕ680~580mm

　　辊身长度：1810mm

　　材质：高铬镍无限冷硬铸铁

支持辊：

　　直径：ϕ1450~1300mm

　　辊身长度：1790mm

　　材质：锻钢

　　主电机：F1 AC10000kW×150/340r/min

F2 AC10000kW×150/340r/min

F3 AC10000kW×150/340r/min

F4 AC10000kW×250/520r/min

F5 AC7500kW×300/650r/min

AGC 液压缸：

2 套（每机架，机架 F1~F5）

AGC 力：19.6MN（2000t/液压缸）

轧辊交叉装置（F1~F3）：

形式：电机驱动交叉

交叉角：最大 1.5°

电机：4-AC/机架

工作辊弯辊技术参数见表 4-11。

表 4-11　工作辊弯辊技术参数

架　次	液压缸数量	弯辊力
F1~F3 （正弯辊）	4 个/轴承座	0~+1176kN 120t/轴承座
F4~F5 （正弯辊）	4 个/轴承座	0~+1470kN 150t/轴承座
F4~F5 （负弯辊）	4 个/轴承座	0~+1470kN 150t/轴承座

③ F4、F5 前在线磨辊（ORG）。ORG 安装在 F4、F5 进口侧导板上下工作辊前，用于在线对轧辊表面进行修磨，使工作辊表面光滑，延长轧辊使用周期，提高同宽轧制量。

技术参数为：

类型：杯状双磨轮驱动型

磨轮：杯状磨轮

材料：CBN

数量：2 个磨轮/ORG×2

磨轮压紧：液压缸

移动速度：液压马达驱动

磨轮旋转：液压马达驱动

④ 精轧机工作辊换辊装置（F1~F5）。该换辊装置安装在精轧机的工作侧，主要用于精轧机工作辊换辊。

工作辊换辊时间：≤10min（从轧机抽出及复位）

⑤ 精轧机侧导板及活套。该部分由进口侧导板、出口卫板和活套组成，进口侧导板和出口卫板的作用为引导轧件穿带；活套用于保持机架间恒定的张力。

进口侧导板安装在每架轧机的进口侧，通过交流电机、减速机、万向轴、螺栓和螺母调整开口度来适应带钢宽度。进口侧导板通过蜗轮丝杠机构对高度进行调整。F1~F3 进口刮水板由气缸压在工作辊上，材料为橡胶。F4~F5 进口刮水板由气缸压在工作辊上，材料为毛毡。

轧机出口侧卫板（F1~F5）用配重压在工作辊上，材料为合成树脂。各机架间有一个活套，活套升降由低惯量扭矩电机驱动。上工作辊冷却喷头安装在每架轧机进出口侧的上下刮板支架上。下工作辊冷却喷头安装在每架轧机进出口侧的上下刮水板支架上。支持辊冷却喷头放在每架轧机进口上侧。工艺润滑油喷头布置进口上下刮水板梁上。

进口侧导板技术参数：

宽度调整：

　　形式：电机驱动丝杠丝母

电机：1-AC15kW

　　导板开口度：800~1810mm

高度调整：

　　　形式：齿轮马达驱动螺旋千斤顶

　　电机：1-AC1.5kW

　　缩回液压缸：1 个

进口上刮水板技术参数：

　　形式：固定刮水板梁和橡胶刮水板（F1~F3）

　　配重平衡和毛毡刮水板（F4~F5）

进口下刮水板技术参数：

　　形式：固定刮水板梁和橡胶刮水板（F1~F3）

　　配重平衡和毛毡刮水板（F4~F5）

出口上卫板技术参数：

　　形式：配重平衡，合成树脂刮水板

出口下卫板技术参数：

　　形式：配重平衡，合成树脂刮水板

活套技术参数：

　　数量：4 套

　　形式：电机驱动摆动式

电　机：2-AC40kW（1 号，2 号）

　　　　2-AC30kW（3 号，4 号）

活套辊：180mm（直径）×1810mm（辊身长）

摆动角：最大 70°

轧辊冷却喷头技术参数：

　　出口侧上工作辊：2 个/机架，压力约 1MPa

　　出口侧下工作辊：2 个/机架，压力约 1MPa

　　进口侧上工作辊：1 个/机架，压力约 1MPa

　　进口侧下工作辊：1 个/机架，压力约 1MPa

　　进口侧上支持辊：1 个/机架，压力为 0.4MPa

机架间带钢冷却：在 F1 与 F2、F2 与 F3、F3 与 F4、F4 与 F5 机架间上下各 1 组。压力为 1MPa。

工艺润滑喷嘴：每架轧机进口侧上下部各 1 组，压力约 1MPa

除尘喷水：每架精轧机出口侧上部各 1 组，F3~F5 轧机还各有 2 组侧喷分别安装在工作侧和驱动侧，压力约 1MPa

活套辊冷却：内水冷，压力为 0.4MPa

卫板冷却：仅 F5 轧机有一组，压力为 0.4MPa

导辊冷却：指 F1、F2 垂直立导辊，压力约 1MPa

工作轴承座冷却：F3~F5 轧机各有 2 组工作轴承座冷却，分别安装在工作侧和驱动侧，压力约 1MPa

阻油喷水：F4~F5 轧机各有 2 组阻油喷水装置，分别安装在工作侧和驱动侧，压力约 1MPa

（2）卷取区设备。

1）层流冷却区。

① 输出辊道。输出辊道位于精轧机和卷取机之间，将带钢从轧机输送到卷取机，辊道上装有带钢层流冷却装置。

技术参数为：

类型：单独驱动空心辊辊道

辊子材质：厚壁管，辊身表面喷焊

辊子尺寸：$\phi260mm×1810mm$

辊距：300mm

辊子数量：127 个

辊道速度：最大 1300m/min

电机：127-AC

辊子冷却：由冷却集水管外部冷却，位于测量仪表下的辊子采用内水冷，辊子内部装有冷却水管，冷却水通过旋转接头供给

内水冷辊数量：16 个，其中精轧机出口端 10 个，高速飞剪进口侧导板前 6 个

冷却水：0.4MPa（4kg/cm²）

② 带钢层流冷却系统。该系统安装在精轧机出口和地下卷取机之间的输出辊道上，用于冷却精轧后的带钢，在轧线侧采用高架水箱系统，冷却区分为 6 段，上部喷水横梁为液压缸驱动的可升降式。

技术参数为：

冷却系统：层流

冷却区长度：27m

冷却段数量：6 段

冷却能力：300℃（1.2mm 在速度为 1080m/min，12.7mm 在速度为 100m/min）

冷却水温：35℃

设备冷却水：0.4MPa（4kgf/cm²）

③ 侧喷水设备。侧喷水喷嘴安装在精轧机和每个冷却段的后面，向带钢的上表面喷射水压大约为 1MPa（10kgf/cm²）的高压水，目的是吹走带钢表面的冷却水，保证带钢温度均匀。

技术参数为:

侧喷点数量:7 套

侧喷位置:辊道工作侧

流速:330L/(min·套)

侧喷水压力:1MPa(10kgf/cm²)

2) 高速飞剪区。高速飞剪区设备包括:飞剪进口辊道、飞剪进口侧导板、飞剪进口夹送辊、高速飞剪机和飞剪出口夹送辊。

① 飞剪进口辊道。飞剪进口辊道安装在高速飞剪前,用于将带钢输送到高速飞剪。辊道分成两部分:一部分在飞剪进口夹送辊前,另一部分在飞剪进口夹送辊和高速飞剪之间。

技术参数为:

形式:单独驱动辊

辊子尺寸:φ260mm×1810mm

辊距:300mm

辊子数量:51 个 (45 个在飞剪进口夹送辊前;6 个在飞剪进口夹送辊和高速飞剪之间)

辊道速度:最大 1300m/min

电机:51-AC

辊子冷却:外部冷却,水压 0.4MPa

② 飞剪进口侧导板。飞剪进口侧导板安装在飞剪进口辊道上,用于将带钢导入飞剪进口夹送辊和高速飞剪。

技术参数为:

形式:带有斜导板的液压式侧导板

导板长度:

斜导板:5750mm

平行导板:6280mm

导板开口度:800~1810mm

③ 飞剪进口夹送辊。飞剪进口夹送辊安装在高速飞剪前,当剪切带钢时,保证带钢的后张力 (与精轧机间的张力)。夹送辊由一对上下夹送辊、夹送辊牌坊、万向轴、电机以及进出口侧的导板和刮板组成。

技术参数为:

形式:牌坊式液压夹送辊

上夹送辊:φ900mm×1810mm,空心辊

下夹送辊:φ500mm×1810mm,空心辊

辊冷却:外部冷却,水压 0.4MPa

辊线速度:1300m/min (最大)

电机:上夹送辊:1-AC

下夹送辊:1-AC

④ 高速飞剪机。高速飞剪机安装在地下卷取机前,用于在半无头轧制时将带钢剪切

成设定长度。飞剪为偏心轴式转鼓剪。当不适用飞剪时，剪鼓由液压缸驱动从轧线抽出，同时用填充辊道替换转鼓。

技术参数为：

形式：偏心轴式转鼓剪，曲线剪刃

剪切带钢厚度：0.8~4.0mm

剪刃线速度：最大 1080m/min

剪切力：100t（最大正常剪切力）

　　　　　300t（最大事故剪切）

带钢温度：500℃

转鼓电机：1-AC

偏心轴电机：1-AC（伺服电机）

剪刃：由螺栓用楔铁固定在转鼓上，装有弹簧支撑的剪刃护罩

填充辊道：

　　形式：单独驱动空心辊

　　辊子数量和尺寸：2个

转鼓更换装置：

　　形式：液压缸驱动侧移式小车

高速飞剪机结构如图 4-4 所示。

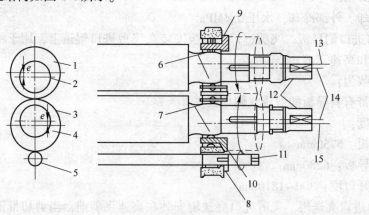

图 4-4　高速飞剪机结构

1—上偏心套；2—上转鼓；3—下偏心套；4—下转鼓；5—传动齿轮；6—上转鼓轴承；7—下转鼓轴承；
8—偏心套传动齿轮；9—上偏心套齿轮；10—下偏心套齿轮；11—偏心套驱动轴；12—转鼓套驱动轴；
13—上偏心套轴线；14—转鼓轴线；15—下偏心套轴线

⑤ 飞剪出口夹送辊。飞剪出口夹送辊安装在高速飞剪后，防止带钢剪切时甩尾。

技术参数为：

形式：牌坊式，气动压下，电动调节辊缝

辊线速度：最大 1300m/min

辊缝调整：电动丝杠

夹送辊冷却：外部水冷

3）卷取区。卷取区设备包括：1 号和 2 号夹送辊、1 号和 2 号侧导板、1 号和 2 号高

速通板装置、1 号和 2 号卷取机等。

① 1 号卷取机进口辊道。辊道安装在 1 号卷取机前，用于将带钢输送到卷取机，辊道分为两部分，一部分位于高速飞剪和飞剪出口夹送辊之间，另一部分在飞剪出口夹送辊和 1 号地下卷取机之间。

技术参数为：

形式：单独驱动空心辊

辊子尺寸：ϕ260mm×1810mm

辊距：300mm

辊子数量：22 个（2 个在高速飞剪和飞剪出口夹送辊之间，其余 20 个在飞剪出口夹送辊和 1 号地下卷取机之间）

辊道速度：最大 1300m/min

2 号卷取机进口辊道安装在 2 号卷取机的进口，用于将带钢输送到 2 号地下卷取机，作用和结构同 1 号卷取机进口辊道。

辊子数量：25 个

② 1 号高速通板装置。1 号高速通板装置安装在 1 号卷取机前进口辊道上，用于在使用高速飞剪进行带钢分段剪切时，保证薄带钢头尾段平稳输送，可进行离线/在线选择。

技术参数为：

形式：空气喷射式

带钢厚度：0.8~1.2mm

带钢宽度：850~1680mm

气室数量：3 个

③ 2 号高速通板装置

2 号高速通板装置安装在 2 号卷取机前进口辊道上，作用和结构与 1 号高速通板装置相同。

技术参数同 1 号高速通板装置。高速通板装置如图 4-5 所示。

④ 1 号卷取机进口侧导板。1 号卷取机进口侧导板安装在 1 号卷取机前进口辊道上，将带钢导入 1 号夹送辊和 1 号卷取机。

技术参数为：

形式：液压缸驱动型侧导板

导板长度：3950mm

导板开口度：800~1810mm

⑤ 2 号卷取机进口侧导板。2 号卷取机进口侧导板安装在 2 号卷取机前进口辊道上，将带钢对中轧线并导入 2 号卷取机。结构和作用同 1 号卷取机进口侧导板。

技术参数为：

导板长度：5700mm

其他同 1 号侧导板。

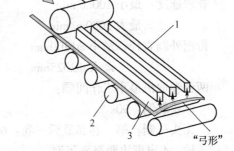

图 4-5 高速通板装置

1—气室；2—辊道；3—带钢

⑥1号卷取机前夹送辊。1号卷取机前夹送辊安装在1号卷取机进口。在单块轧制时将带钢头部导入1号地下卷取机；在半无头轧制时，将带钢在1号和2号卷取机之间交替切换。夹送辊由一对上下夹送辊、夹送辊牌坊、万向轴、电机地脚板以及进出口侧的导板组成。与其他夹送辊不同，其下辊可以在轧制方向上水平移动，改变辊缝的方向。

技术参数为：

形式：牌坊式液压夹送辊（下辊可移动）

上夹送辊：$\phi900mm×1810mm$，空心辊

下夹送辊：$\phi500mm×1810mm$，空心辊

辊冷却：外部水冷 0.4MPa

辊线速度：1300m/min

电机：上夹送辊：1-AC

下夹送辊：1-AC

⑦2号卷取机前夹送辊。2号卷取机前夹送辊安装在2号卷取机进口。将带钢头部导入2号下卷取机。夹送辊由一对上下夹送辊、夹送辊牌坊、万向轴、电机地脚板以及进出口侧的导板组成。其组成和结构与1号夹送辊基本相同。不同点：2号下辊固定，不能平移；出口侧没有刮板。

技术参数同1号夹送辊。

⑧1号地下卷取机。1号地下卷取机位于1号夹送辊下部。用于将带钢卷成钢卷，包括芯轴、助卷辊、传动部分等。

技术参数为：

形式：液压式4助卷辊地下卷取机

卷取带钢厚度：0.8~12.7mm

卷取带钢宽度：850~1680mm

卷取单重：最大 18kg/mm

卷重：最大 30t

卷取速度：最小 100m/min

最大 1080m/min

带钢外圆直径：最小 $\phi1200mm$

最大 $\phi2025mm$

两台卷取机最小工作间隔：

单块轧制：90s

无头轧制：第一卷和最后一卷：60s，其他卷：90s

芯轴：4扇楔块两级膨胀型

芯轴直径：正常膨胀状态 759mm

过膨胀状态 772mm

收缩状态 721mm

芯轴外圆线速度：1200m/min（在芯轴直径为 $\phi759mm$）

1号卷取机前夹送辊是实现带钢高速分卷的关键，上、下辊由电机分别传动，上辊的升降及辊缝的调整由液压缸驱动，液压缸由 IHI 开发的直接驱动式伺服阀控制，可以实现

高精度的辊缝和夹紧力控制；下辊可沿着轧线方向移动，改变辊缝的方向，使带钢在高速状态下顺利转向，实现高速分卷，如图 4-6 所示。

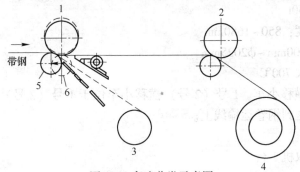

图 4-6 高速分卷示意图

1—1 号夹送辊；2—2 号夹送辊；3—1 号卷取机；4—2 号卷取机；5—1 号卷取位；6—2 号卷取位

⑨ 2 号地下卷取机。2 号地下卷取机位于 2 号夹送辊下部。其组成和结构与 1 号卷取机基本相同，不同点：2 号卷取机没有偏转辊。

技术参数同 1 号卷取机。卷取机结构及控制示意图如图 4-7 所示。

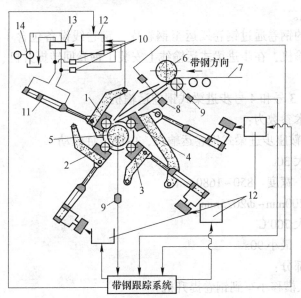

图 4-7 卷取机结构及控制示意图

1—1 号助卷辊；2—2 号助卷辊；3—3 号助卷辊；4—4 号助卷辊；5—芯轴；6—夹送辊；7—带钢；8—激光传感器；
9—转动角度传感器；10—压力传感器；11—液压缸；12—电液伺服控制系统；13—伺服阀；14—液压泵

⑩ 废钢收集槽。废钢收集槽安装在 2 号夹送辊后部 2 号卷取机上发，用于在事故状态下收集通过夹送辊后未进入卷取机的带钢。

⑪ 1 号和 2 号卸卷小车。1 号（2 号）卸卷小车位于 1 号（2 号）卷取机芯轴下，当卷取结束后将钢卷从芯轴卸下，并经钢卷站将钢卷运到横移小车上。两台小车的功能和结构完全相同。

技术参数为：

数量：每个卷取机 1 台

移动行程：4600mm

提升行程：1250mm

载重量：最大30t

钢卷尺寸：宽度：850~1680mm

钢卷直径：φ1200mm~φ2025mm

钢卷温度：最大700℃

⑫ 1号和2号横移小车。1号（2号）横移小车位于1号（2号）卷取机旁。将钢卷从每个卸卷小车运送到钢卷运输线上。

技术参数为：

数量：每个卷取机1台

移动行程：4410mm

卷重：最大30t

钢卷尺寸：宽度：850~1680mm

钢卷直径：φ1200mm~φ2025mm

钢卷温度：最大700℃

4）钢卷运输线。

从卷取机卸下的钢卷通过钢卷线运至钢卷库。钢卷线设备包含1号、2号、3号和4号步进梁式钢卷运输机，在步进梁式运输线上安装了钢卷回转提升机、打包机、称重装置和打号机。

① 1号、2号、3号和4号步进梁式钢卷运输机。

钢卷运输机技术参数为：

形式："V"形鞍座步进梁式钢卷运输机，由液压缸驱动

输送卷重：最大30t

输送钢卷尺寸：宽度：850~1680mm

钢卷直径：φ1200mm~φ2025mm

钢卷温度：最大700℃

钢卷运输间隔：最小90s

运输机分为四部分：

1号步进梁：从横移小车到钢卷提升机

2号步进梁：从钢卷提升机到交叉点鞍座

3号步进梁：从交叉点鞍座到直线运输的尾部

4号步进梁：从交叉点鞍座到侧移运输线（运送钢卷到另一个钢卷库）

提升回转机安装在1号、2号步进梁式及运卷小车的交接处。在2号步进梁上，依次安装了下列设备：钢卷打包机、钢卷称重装置、钢卷打号机。

存卷数量和步进梁长度：

1号步进梁：10卷，27000mm

2号步进梁：14卷，42000mm

3号步进梁：5卷，12000mm

4号步进梁：13卷，36000mm

平移行程：3000mm

提升行程：1~3 号步进梁 230mm

4 号步进梁 440mm

平移速度：最大 200mm/s

② 钢卷回转提升机。钢卷回转提升机位于钢卷运输线上，将钢卷从卷取区标高提升到地平线。待检钢卷由提升回转机旋转 90°。提升回转机安装在一个存卷位上，代替步进梁的固定鞍座。

技术参数为：

形式：液压缸驱动

位置：在钢卷运输线上

提升速度：200mm/s

旋转角度：90°

承载卷重：最大 30t

钢卷尺寸：宽度：850~1680mm

钢卷直径：$\phi1200mm~\phi2025mm$

钢卷温度：最大 700℃

③ 运卷小车。运卷小车安装在钢卷运输线的一侧，用于运送钢卷至钢卷检查线上。

技术参数为：

形式：带有可提升鞍座的平移车

平移液压马达：1 个液压齿轮马达通过圆锥齿轮驱动

承载卷重：最大 30t

钢卷尺寸：宽度：850~1680mm

钢卷直径：$\phi1200mm~\phi2025mm$

④ 钢卷打包机。钢卷打包机位于钢卷运输线一个固定鞍座处。主要由框架、打包带分配器、打包头、打包导槽、控制器组成。

技术参数为：

形式：气动打捆带导槽插入型周向打包机

打捆道数：钢卷外圆最多捆扎 3 道（5 个位置）。打捆机可横移，打捆机位置的固定鞍座有五个凹槽，便于打包带导槽插入

钢卷温度：700℃

拉紧力：最大 1400kg

捆扎头移动装置：气缸驱动型

包装带分配器：窄带型和摆动缠绕型两种

打包时间：一道大约 30s

压缩空气压力：最小 $4kg/m^2$

包装用钢带：

材料：冷轧低碳钢

修整：发蓝或涂蜡

形式：摆式捆绕钢卷

包装带（卷）的尺寸：厚度 1.0mm+10%

宽度：31.5±0.127

内径：406mm

最大外径：φ700mm

质量：大约 200kg（摆动绕带型），大约 50kg（窄带型）

卡子：材料：冷轧低碳钢

形式：自动喂送卡子

地面操作控制台：安装在打包机上

⑤ 钢卷打号机。钢卷打号机位于钢卷输送线固定鞍座的侧面，钢卷在打包和称重后打号。在钢卷的端面和外圆打印上数字和数据。

技术参数为：

形式：自动点式喷涂打印型

打印位置区：钢卷的端面和外圆表面

号码数量：端面 10 个字×1 行

外圆 10 个字×4 行

打印区尺寸：(100×50)mm～(60×30)mm

钢卷尺寸：宽度 850～1680mm

钢卷直径：φ1200mm～φ2025mm

钢卷温度：最大 700℃

⑥ 钢卷称重装置。钢卷称重装置位于钢卷运输线的固定卷位的下面，用于测量卷重。

技术参数为：

形式：固定式负荷传感器型

称重能力：最大 30t

最小称重单位：10kg

⑦ 钢卷检查线。钢卷检查线位于钢卷运输线一侧，用于对钢卷检查和取样。

⑧ 托辊和开卷器。托辊和开卷器用于将钢卷打开并运送带钢至检查线上，以检查带钢表面缺陷。

技术参数为：

托辊：2 个

压带辊：3 个

托辊电机：2-AC

⑨ 取样剪和废钢斗。取样剪安装在开卷器的出口，用于剪切带钢样品。上剪刃固定在剪框架上，下剪刃由液压缸驱动上下移动，由耐磨板导向。废钢斗位于取样剪出口侧下方，它可以由液压缸驱动横移离线来输送剪下的带钢。

技术参数为：

取样剪形式：液压缸驱动上切式剪

剪切力：最大 106t

剪刃斜度：1/30

剪切带钢尺寸：厚度 0.8～6.0mm

宽度 850~1680mm

⑩ 检查线辊道和送带辊。检查线辊道位于托辊和开卷器之后，由托辊和开卷器打开的带卷在辊道上展开 6m，以检查带钢的下表面质量。

技术参数为：

辊道：

　　形式：25 个辊子由一台交流齿轮电机通过链条驱动

2 个自由辊：

　　辊子：27 个

　　电机：1 个交流齿轮电机

送带辊：

　　形式：由交流电机通过行星减速器和万向接轴驱动

　　辊子：1 个

　　电机：1-AC

⑪ 带钢头部收集装置和夹送辊。带钢头部收集装置安装在辊道末端，用于收集 5~6m 长带钢。由气动马达驱动的夹送辊安装在收集装置的入口侧。收集的带钢随收集装置一起由电机葫芦抬至水平，使用天车将收集的带钢吊走。

夹送辊技术参数为：

　　形式：气动马达驱动型

　　夹送辊：1 个

　　直径：$\phi140mm$

4.3　武钢 CSP 工艺和设备特点

CSP 薄板坯连铸连轧技术是当今冶金界的一项前沿技术，具有流程紧凑、投资少、能耗低等优势。武钢 CSP 是武钢"十一五"重点项目，主要生产硅钢、优碳钢、耐候结构钢、汽车结构钢和集装箱钢等"双高"产品，与武钢常规热轧线产品合理分工、相互补充，极大提升武钢产品市场竞争力。武钢 CSP2007 年 9 月 8 日开始施工，2009 年 3 月 7 日热负荷试车一次成功，工程建设期仅 18 个月。2009 年 10 月提前实现月达产，是武钢热轧线达产最快的生产线。到 2011 年年底，武钢 CSP 成功轧制厚度为 0.8mm 的薄板，成功轧制了硅钢。

4.3.1　工艺方案

4.3.1.1　生产规模

武钢 CSP 生产热轧酸洗镀锌原料卷、硅钢原料卷及热轧直供卷，设计产量为 250 万吨/a 热轧卷。其中：供热轧酸洗镀锌卷 54.2 万吨/a，硅钢原料卷 97.8 万吨/a，热轧直供卷 98 万吨/a。

4.3.1.2　生产品种及规格

板坯、产品品种及规格如下：

(1) 坯料为连铸坯，厚度 50~90mm，宽度 900~1600mm，单块轧制长度为 27.4~49.3m，半无头轧制长度为 105.7~189.7m（预留）。坯料的最短长度为 10m，坯料最大质量为30t。

（2）产品品种为碳素结构钢、优质碳素钢、低合金高强度钢、耐候结构钢、汽车结构钢、管线钢、超低碳钢、无取向硅钢等；带钢厚度0.8~12.7mm，带钢宽度900~1600mm；钢卷内径ϕ762mm，钢卷外径ϕ1100mm~ϕ2150mm；钢卷最大质量30t；单位宽度最大质量23kg/mm。

武钢CSP以生产高附加值产品为主，其中无取向硅钢占总产量的比例达40%，薄规格比例较大，厚度小于1.8mm的产品占总产量的45%，厚度小于3.0mm的产品占总产量的69%。

4.3.1.3 工艺流程

武钢CSP工艺流程为：立弯式薄板坯连铸机→旋转式除鳞机→摆动剪→辊底式均热炉→高压水除鳞机→立辊轧机→7机架精轧→层流冷却→地下卷取机→钢卷运输线→入库。

4.3.1.4 设备组成及布置

武钢CSP由连铸机、辊底式均热炉和热连轧3部分组成。主要设备：2台单流连铸机、2套旋转除鳞装置、2台摆动剪、2座辊底式均热炉、1台事故剪、1套高压水除鳞机、1架立辊轧机、7机架精轧机、1套带钢层流冷却系统、2台地下卷取机以及1套钢卷运输系统。预留1台用于半无头轧制的高速飞剪。主要设备布置示意图如图4-8所示。

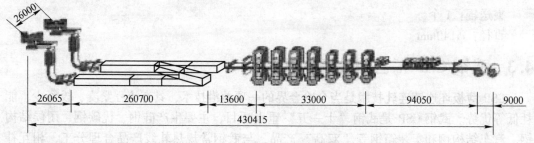

图4-8 武钢CSP主要设备布置示意图

4.3.1.5 主要设备技术参数

（1）连铸机：连铸机为单流立弯式连铸机，流间距26m，基本半径3.25m，铸机冶金长度10305mm，铸机拉速3~6m/min。

（2）旋转除鳞装置：工作压力34~40MPa，流量79m³/h，喷头上下布置。

（3）摆动剪：主驱动电机功率为600kW，剪切力12400kN，每分钟最多切8次。

（4）辊底式均热炉：2座辊底式均热炉长度分别为260.7m和245.9m，摆动段长度53m；缓冲时间12~40min；薄板坯入炉温度815~1105 ℃，出炉温度1 100~1250℃。

（5）事故剪：事故剪为液压驱动，剪刃长度1800mm，剪切时板坯最低温度760 ℃，剪切应力145MPa，剪切力12000kN。

（6）高压水除鳞机：除鳞压力最大为38MPa，最大流量为415m³/h。

（7）立辊轧机：压下方式为液压压下，轧辊直径ϕ750/700mm，轧制压力2500kN，总压下量最大为40mm，轧制速度1.0m/s，驱动电机为AC 375kW，转速为0~600/800r/min，传动比为30。

（8）精轧机：武钢 CSP 精轧机组选择 7 机架连轧，以满足生产更高比例的薄板和超薄板。精轧机机型均为四辊式，弯辊力均为 1100kN，工作辊窜辊量均为 ±100mm，其他工艺参数见表 4-12。

（9）带钢层流冷却系统：层流冷却流量为 6300m³/h，水压约 0.07MPa，8 组精调区段，2 组微调区段。

（10）地下卷取机：卷取机均为全液压式卷取机，整体可移出式；3 个助卷辊；卷筒直径 $\phi762/\phi745/\phi732$mm，卷筒最大速度 23.8m/s；卷筒主电机 AC1100kW，转速 0~300/910r/min；主传动减速比 1.5/3.3；助卷辊直径 $\phi380$mm，助卷辊传动电机功率为 90kW，3 台，转速为 0~1220r/min。

表 4-12　精轧机工艺参数

机架号	工作辊直径 ϕ/mm	支持辊直径 ϕ/mm	主电机功率/kW	主电机转速 /r·min⁻¹	传动比	轧制速度 /m·s⁻¹	轧制力 /kN	额定力矩 /kN·m
F1	950/820	1500/1370	8700	0~130/380	5.43	1.19/3.48	46000	3268
F2	950/820	1500/1370	8700	0~130/380	5.43	1.19/3.48	46000	3268
F3	750/660	1500/1350	10000	0~220/660	4.47	1.93/5.80	42000	1829
F4	750/660	1500/1350	10000	0~220/660	2.85	3.00/9.09	42000	1166
F5	620/540	1500/1350	10000	0~220/660	1.47	4.86/14.58	32000	601
F6	620/540	1500/1350	10000	0~220/710	1	7.13/23.05	32000	412
F7	620/540	1500/1350	10000	0~220/710	1	7.13/23.05	32000	412

4.3.2　主要特点及分析

武钢 CSP 是紧凑式短流程热轧带钢生产线，轧制产品最薄厚度 0.8mm，并能进行铁素体轧制，预留半无头轧制工艺。主要工艺和设备特点如下：

（1）厚度小于 2.0mm 的产品比例高达 45% 以上，实现"以热代冷"。在常规热连轧上由于坯厚为 150~250mm、变形量大、道次多、轧辊热膨胀大、轧制不稳定等原因，在生产薄规格产品（厚度小于 2.0mm）时对产量影响较大。而 CSP 的产量主要取决于连铸，板坯进轧机时尾部还在炉内保温，不会产生头尾温差的问题，不需升速轧制，而且开轧温度较高，因而较适应生产薄规格热轧带钢。不采用升速轧制，就不必考虑同步升速所需的动力矩，在一定程度上可以降低轧钢负荷。因此，CSP 轧制薄规格产品具有明显优势。

（2）硅钢生产比例高达 40%。在激烈的市场竞争条件下，武钢 CSP 的产品定位于高附加值的硅钢产品。与常规热连轧相比，CSP 采用短流程，省去了粗轧工序，具备如下特点：铸坯薄且冷却速度快，细化了晶粒，降低了元素偏析程度，等轴晶率提高，从而有利于无取向硅钢降低铁损和减弱 Si 高时产品出现的瓦楞状缺陷；均热工艺使板坯纵向温度更均匀，从而保证产品性能稳定；该工艺省去了铸坯冷却和再加热的过程，避免连铸坯冷却和加热过程中可能发生的内部裂纹和断坯造成的质量问题，既节约了能源，还提高了金属收得率（实践证明成材率提高 2%），而且易于实现低温加热和高温卷取。所以 CSP 具有生产硅钢的天然优势。

（3）连铸坯最大厚度增加到 90mm，提高了带钢的总压缩比，可提高产品的性能质量。

（4）连铸机采用漏斗形结晶器，扩大了浸入式水口的操作空间，延长了水口寿命，提高了薄板坯连铸机连浇炉数，从而可提高生产率，减少耐火材料消耗，降低生产成本。

（5）采用了液芯软压下技术，灵活满足轧钢品种规格需求的同时，降低能耗，提高产品质量。实践证明，液芯压下铸轧对细化晶粒的作用比减薄相应尺寸铸坯的作用大。由于晶粒细化，使得在相同温度下铸坯获得的韧性更好。当浇铸厚度为 60~100mm 时，采用液芯压下技术后最终成品质量比减薄结晶器厚度的效果更佳。

（6）结晶器振动采用液压驱动和伺服控制系统，可实现小振幅、高频率非正弦和正弦波形平稳振动，在浇铸中易于调整振幅、频率、振动曲线，对较高拉速的连铸机提高铸坯表面质量有显著作用。

（7）设置立辊轧机能自动调节薄板坯宽度，从而提高了薄板坯宽度精度，减少薄板坯边部裂纹，提高薄板坯边部质量。另外对破除薄板坯边部氧化铁皮也有一定作用。

（8）除鳞系统采用 2 次除鳞，除鳞压力高达 38MPa，除鳞效果好，提高带钢表面质量。

（9）连轧机组采用 7 机架精轧机，这是兼顾到最大铸坯厚度为 90mm，以及轧制成品最小厚度为 0.8mm 的综合结果。这种配置的最大优点是能够适应提高压缩比和进一步开发铁素体钢轧制的要求。CSP 的精轧机压下率比常规热轧工艺大，大压下量、高刚度轧机成为 CSP 的特点之一。大压下量加大了板形控制的难度，因此武钢 CSP 采用了 CVC Plus 技术。由于这种轧机的工作辊可以轴向移动，并设有工作辊液压弯辊技术以及板形测差反馈控制系统，板形控制效果极好。

（10）在 F1 和 F2、F2 和 F3 轧机间设置快速冷却系统，可实现铁素体轧制，使带钢内在质量稳定，降低轧制力，并节省轧制能耗。铁素体轧制技术可用来轧制超薄带钢（超低碳钢、铝镇静 ULC 和极低碳钢、无间隙原子钢 ULC-IF），这类钢在奥氏体温度和铁素体温度范围内的轧制变形阻力几乎相同。常规的热带轧制生产中，为了获得良好的力学性能，热轧工艺要求精轧温度在 A_{r3} 以上。随着精轧厚度的变薄，尤其是当轧制厚度 1.4mm 以下的低碳钢时，要想实现完全奥氏体状态下轧制将变得更加困难，于是提出了铁素体轧制的方法。轧件在进入精轧机 F3 前，就完成 $\gamma \rightarrow \alpha$ 的相变，即完成铁素体的转变过程，避免 $\gamma \rightarrow \alpha$ 相变时的两相区轧制。相变时会出现流变应力的突变，尤其是当带材薄而轧制速度快时，末架精轧机产生的非均匀变形可能会导致带材的跑偏和板形缺陷。此外，两相区轧制会引起带钢力学性能不均匀和最终产品厚度的波动。铁素体轧制技术还有其他一些优点，如通过低温加工可以使钢材的性能提高，减少了氧化铁皮的产生和工作辊的磨损，提高了带钢表面质量，降低了输出辊道上冷却水的消耗。

（11）CSP 半无头轧制工艺是将连铸坯定尺长定为规定卷重所需坯长的数倍，通常为 4~6 倍，这样就可以连续轧制一块很长的薄板坯，然后由 1 台与卷取机连在一起的高速飞剪将带钢切分成规定质量的钢卷。考虑到国外已不追求半无头轧制以及武钢 CSP 的产品定位，武钢 CSP 预留了高速飞剪设备和半无头轧制的工艺。

（12）设备国产化比例高。CSP 技术属国外专利，还需引进国外技术，武钢 CSP 引进 SMS 的技术，但绝大部分设备为国外设计、国内合作制造，除均热炉（国外设计）和水处理设施是国内供货外，连铸设备引进比为 20%，轧线设备国外供货的质量只占 7%。相比同类项目，设备国产化程度最高，最大程度节省了投资成本和生产成本。

武钢 CSP 在总结国内外薄板坯连铸连轧技术和生产实践的基础上，采用世界一流的技术和装备，向"优质、高产、低耗、多品种"方向发展。该生产线大量生产无取向硅钢原料卷，直接供冷轧硅钢厂，以满足硅钢进一步降低成本和提高质量的需要，同时兼顾生产有发展前景的热轧薄板和超薄板代替部分冷轧板，以低成本、高质量的优势占领市场，增强武钢产品的市场竞争力。

4.4 马钢 CSP 生产线工艺技术特点

CSP（Compact Strip Production）即紧凑式热带工艺，是由施罗曼·西马克公司开发的一种薄板坯连铸连轧工艺，具有流程短、生产简便灵活、成品质量好、成本低等优点，因而在世界范围内具有很强的竞争力。为适应钢铁工业的发展方向，调整产品结构，增强企业核心竞争力，马钢经过广泛的市场调研，决定新建薄板坯连铸连轧生产线。经过充分的技术论证，采用了德国 SMS-Demga 集团的 CSP 薄板坯连铸连轧技术，年设计生产热轧板卷 200 万吨。

4.4.1 工艺设备技术特点及采用的新技术

4.4.1.1 马钢 CSP 生产线主要设备及工艺布置简图

马钢 CSP 生产线主要包括两台薄板坯连铸机、两座辊底隧道式均热炉、一架立辊轧机、7 机架四辊 CVC 精轧机组、轧后冷却系统、卷取机及钢卷运输系统等。CSP 工艺布置简图如图 4-9 所示。

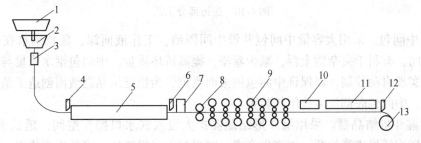

图 4-9 马钢 CSP 工艺布置简图

1—连铸机回转台上钢包；2—中间包；3—结晶器；4—摆动剪；5—均热炉；6—事故剪；7—除鳞机；
8—立辊轧机；9—精轧机组；10—快速冷却；11—层流冷却；12—飞剪；13—卷取机

4.4.1.2 马钢 CSP 工艺设备技术特点及采用的新技术

连铸部分工艺如图 4-10 所示。

马钢 CSP 薄板坯连铸采用的主要新技术有：

（1）钢包回转台。钢包回转台上增设有钢包加盖装置，减少钢水温降，保证浇铸过程温度稳定，以稳定拉速，提高铸坯质量。

（2）钢包下渣检测系统。此系统可减少钢渣进入中间包钢水，提高中间包钢水洁净度，改善铸坯质量。特别是连浇过程换钢包前，不需取下长水口来观察有无流渣，保证了浇铸过程的全程保护，减少铸坯夹渣。同时可减少钢包铸余，提高铸坯收得率，并实现滑动水口自动关闭操作。

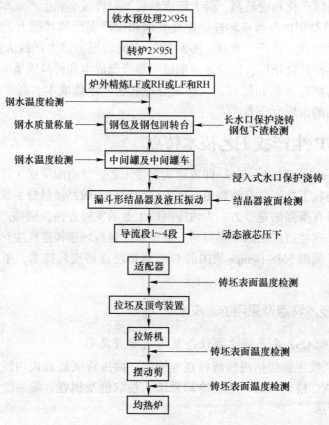

图 4-10   连铸部分工艺

（3）中间包。采用大容量中间包并设中间隔墙，工作液面深，延长钢水在中间包内的滞留时间，有利于夹杂物上浮，减少卷渣，提高铸坯质量。中间包钢水质量与钢包滑动水口连锁实现自动控制，以保证中间包钢液面稳定，为稳定结晶器液面创造了条件，改善钢水质量。中间包底部设事故闸板装置。

（4）漏斗形结晶器。采用漏斗形结晶器扩大浸入式水口操作空间，延长水口寿命，提高薄板坯连铸机连浇炉数，提高生产率，减少耐火材料消耗，降低生产成本。结晶器总长为 1100mm，漏斗部分高度为 850mm，比一般的漏斗高出 150mm，结晶器上部中间最大开口尺寸为 180mm。结晶器还预留了电磁闸装置。

（5）结晶器自动在线调宽系统。结晶器自动在线调宽与成品带钢宽度检测仪联锁实现闭环控制，同时可通过工艺先导系统对结晶器热流分布计算结果进行窄边锥度调节，以实现结晶器优化传热，提高铸坯质量。

（6）采用结晶器监视系统。此系统可进行漏钢预报及绘出结晶器温度场分布和结晶器热流计算，为优化作业提供依据。

（7）结晶器液面检测。结晶器液面检测系统采用[60]Co 涡流或 NKK 系统多种形式并存方式，充分利用其优势互补，即采用[60]Co 检测系统测量范围大的特点和中间包塞棒伺服电机连锁实现自动开浇，在浇铸过程中再转到涡流或 NKK 检测系统更精确地控制钢水液面，减少卷渣，提高铸坯质量。也可全程采用[60]Co 检测系统控制。

（8）采用保护浇铸技术。钢包到中间包之间采用长水口及氩气保护；中间包至结晶器之间采用浸入式水口；钢包和中间包钢水液面上有保温剂和保护渣双渣保护；结晶器液面有保护渣。减少钢水二次氧化物，提高铸坯质量。

（9）结晶器振动系统。整个系统采用液压装置和伺服控制，可实现小振幅、高频率非正弦和正弦振动。振动平稳，在浇铸中易于调整振幅、频率、振动曲线，对高拉速铸机提高铸坯表面质量有显著作用。

（10）采用液芯动态软压下技术。该技术可将 90mm 厚的铸坯经液芯压下至 70mm、70mm 的铸坯可液芯压下至 50mm。灵活满足轧钢品种规格需求的同时，扩大了结晶器浸入式水口的操作空间，提高水口寿命且有利于稳定钢液面，改善铸坯质量。

（11）三冷系统。二冷采用全水冷却，配置有动态凝固计算机，控制铸流在二冷区内凝固和铸坯表面温度尽量接近目标温度，保证铸坯有较低的变形率和加热炉合适的入炉温度；避免由于铸流温度过低，增大了摆动剪的剪切负荷。

（12）炉外精炼除配备 LF 精炼炉外，还增设了 HR 真空精炼设备，使得马钢 CSP 线具备生产超低碳钢如家电用、汽车用系列深冲钢的条件。

4.4.1.3 CSP 热轧工艺设备特点及采用的新技术

热轧段的工艺如图 4-11 所示。

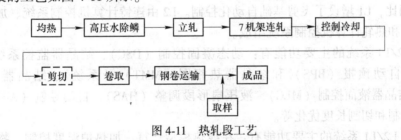

图 4-11　热轧段工艺

与国内已建 CSP 生产线相比，马钢 CSP 热轧线有以下特点：

（1）增设了立辊轧机。立辊可以提高带钢宽度控制精度。其次，立辊可破除板坯边部氧化铁皮，改善带钢边部质量，减少边裂。另外，立辊可以提高薄板坯轧制对中精度，保证钢卷的板形。

（2）进一步改善了带钢除鳞质量。加大了除鳞机高压水的压力，并在后续机架中增设二次除磷设备，更好地保证钢卷的表面质量。

（3）轧机布置采用紧凑式，可以减少轧线的长度，节省投资，缩短工期，生产中可减少轧制中的热损失，提高钢卷质量。

（4）轧后冷却采用水幕高速冷却（粗调段）加层流冷却（精调段）的布置方式，加大了轧后冷却的调整和控制能力，提高了钢卷的质量控制水平，有利于新产品开发。

（5）增设了飞剪，主要作用是在半无头轧制时剪切钢卷。

4.4.1.4 马钢 CSP 线轧制段采用的新技术

马钢 CSP 线轧制段采用的新技术主要有：

（1）立辊轧机宽度自动控制技术。该技术主要用于提高钢卷的宽度控制精度。

（2）半无头轧制技术。半无头轧制技术与动态变更厚度控制技术、CVC 和 CVC plus 技术等一系列新技术相结合，可更好地生产薄规格的钢卷，提高钢卷的精度，并大大降低能耗和提高成材率。

（3）铁素体轧制技术。铁素体轧制技术的应用可保证马钢生产"以热代冷"钢卷和高质量钢卷，为新产品开发提供了良好的平台。

（4）CVC plus 技术。该技术与 WRB 技术相结合，可满足轧制过程中平直度和板凸度的高精度控制。

（5）精轧机辊缝润滑技术。该技术的应用有利于降低轧制压力和能耗，减少轧辊磨损，从而改善钢卷的表面质量。

（6）动态厚度变更技术。该技术主要应用于半无头轧制，尤其是轧制超薄钢卷，有利于维持最佳的温度，保证板卷的质量。

由于马钢 CSP 生产线中大量新技术的应用，因而在 L1 和 L2 级上增加了新的功能，主要有半无头轧制技术所要求的如加热炉控制系统对 A、B 线的协调控制、变更厚度控制、快速响应液压活套、卷取机快速换卷功能等。另外，该线还具备了铁素体轧制技术所要求的轧制模型及轧制润滑系统等。

4.4.2 马钢 CSP 生产线自动化控制模型

马钢 CSP 生产线 L2/L1 系统采用了由 SIEMENS 公司提供的自动控制模型。与国内已建 CSP 线相比，L1 增设了飞剪基础自动化控制。L2 由连铸计算机控制系统、加热炉计算机控制系统和热轧计算机控制系统组成。

连铸 L2/L1 系统的主要功能有：动态凝固控制（DSC）、结晶器监控系统（MMS）（包括漏钢自动预报（BPS）和结晶器热相图（MMT）子系统）、结晶器在线调宽（RMA）、结晶器液面控制（MLC）、液压扇形段调整（HAS）、自动导航（APIL）、二次冷却动态控制和切割长度优化等。

加热炉 L2/L1 系统的主要功能有：在线热模型计算、加热炉温度控制、物料跟踪和操作指导。

轧制 L2/L1 系统的主要功能有：轧制设定计算（PSU）、宽度控制（WC）、板形和平直度控制（PCFC）、温度控制（FTC）、轧后冷却控制（CTA）、卷取机的设定（CSU）等。

4.4.3 与国内外已建的 CSP 线的比较

自 1986 年西马克公司与美国纽柯钢铁公司签订 CSP 薄板坯连铸连轧技术的工业化合同，1989 年 7 月世界上第一条生产热轧板卷的 CSP 生产线诞生以来，到目前为止世界上已建成和正在建设的 CSP 薄板坯连铸连轧生产线钢厂共有 21 家，马钢 CSP 薄板坯连铸连轧生产线是第 21 家，国内外已建的 CSP 生产线基本情况见表 4-13。

表 4-13 国内外已建的 CSP 生产线

序号	公司名称	CSP 流数	轧机台数	热轧板坯厚度/mm	带钢尺寸（厚×宽）/mm×mm	产量/万吨·a⁻¹	投产时间
1	美国纽柯克劳福兹	1/2	4/6	40~50	(1.43~12.7) × (900~1350)	80/180	1989/1994
2	纽柯希克曼	2	6	50	(1.5~12.7) × (1176~1560)	100/200	1994.5

序号	公司名称	CSP流数	轧机台数	热轧板坯厚度/mm	带钢尺寸（厚×宽）/mm×mm	产量/万吨·a^{-1}	投产时间
3	墨西哥希尔萨	1	6	50	(1.2~12.7)×(790~1350)	180	1995.2
4	美国戈拉廷	1	6	50~70	(1.7~12.7)×(1000~1560)	100	1995.2
5	韩国韩宝	2	6	50	(1.7~12.7)×(900~1560)	200	1995.12
6	美国 Dynamics	2	6	50~80	(1.2~12.7)×(990~1560)	180	1995
7	西班牙斯卡亚	1	6	53	(5~12.7)×(790~1560)	91	1996.7
8	印度德罗依斯帕特	1	6	50	(1.2~12.7)×(900~1560)	120	1996.8
9	美国阿克梅	1	7	50	(1.25~12.7)×(900~1560)	90	1996.10
10	马来西亚联合钢厂	2	6	50	(1.6~12.7)×(900~1560)	200	1996.10
11	美国 Wordclass	1	6	50	(1.3~12.7)×(1220~1676)	136	1997.1
12	泰国乔恩布日	1	6	40~70	(1.2~12.7)×(1220~1600)	120	1997.8
13	马来西亚 Maga	2	6	50~70	1.2	200	1998.6
14	蒂森克虏伯	2	7	45~60	(1.0~6.4)×(800~1600)	200	1999.4
15	中国珠钢	1	5	50	(1.2~12.7)×(1000~1350)	79.2	1999.7
16	埃及亚历山大	1	5	52	—	100	2000
17	印度 ISAPT	1	6	55~60	(1.2~12.7)×(900~1560)	120	2000
18	纽柯伯克利厂	1	6	53	—	120	2000
19	中国邯钢	1	1+5	70	(1.2~20)×(900~1680)	100	2000
20	中国包钢	1	5	70	(1.2~12.7)×(980~1560)	99	2001
21	中国马钢	2	7	45~90	(1.0/0.8~8.0/12.7)×(900~1600)	200	2001

马钢 CSP 生产线与国内现有的 CSP 生产线相比较，由于起点高、建设时间较晚，具有自己的特点和优势，具体可见表 4-14。

表 4-14 马钢 CSP 生产线与国内现有的 CSP 生产线比较

比较内容	单位	马钢 CSP 线	珠钢 CSP 线	邯钢 CSP 线	包钢 CSP 线
生产规模	万吨/a	200	100/（180）	100/（200）	200
冶炼方式		BOF 2	EAF 1（2）	BOF 2（3）	BOF 2（3）
冶炼周期	min	36	58.5	45	42
钢包容量	t	110	150	100	230
钢包炉数量	个	2	1（2）	—	1（2）
真空脱气装置		VD、RH	1（2），VD	—	1（2）
流数	流	2	1（2）	1（2）	2
宽度	mm	900~1600	1000~1350	900~1680	980~1560
结晶器出口厚度	mm	min 50	min 40	min 50	min 50
液芯压下	mm	max 20	max 10	max 20	max 20
铸坯厚度	mm	min 50	min 40	min 50	min 50

比较内容	单位	马钢 CSP 线	珠钢 CSP 线	邯钢 CSP 线	包钢 CSP 线
连铸速度	m/s	max 6.5	max 5.5	max 4.8	max 5.5
冶金长度	米	12.74	6.34	9.33	7.1
均热炉长度	米	270	192	179/70	200.8
粗轧机架数	架	0	0		10
精轧机架数	架	7	6	5	6
轧制速度（最大）	m/s	20（升速）	15.7（恒速）	15（恒速）	15（恒速）
飞剪		有	无	无	无
单位卷重	kg/mm	18	18	20	18
最终厚度	mm	1.0（0.8）~ 8.0（12.7）	1.2~12.7	1.2~20	1.2~20

由表 4-14 可见，马钢 CSP 的产品更倾向于薄规格，生产线中连铸速度有较大的提高，采用了更长的冶金长度和均热炉长度，并在精炼手段上配备了 HR 装置，使得马钢 CSP 生产线具备了超低碳钢的生产能力。

为保证半无头轧制，卷取机前增设飞剪。精轧最大轧制速度达 20m/s，且能实现升速轧制，同时预留了近距离卷取机，有利于极薄规格带钢的生产。大量新技术的应用，在保证全线产量的同时，进一步提高了产品质量。

4.4.4 马钢 CSP 线的产品设计方案

为保证 CSP 生产线的顺利运行，结合马钢生产的实际情况，提出一套针对 CSP 生产线的产品设计方案。按照马钢 CSP 线的设计要求，马钢 CSP 生产线产品规格为：厚度 0.8~12.7mm（其中小于等于 2.0mm 的占总产量的 25% 以上）；宽度 900~1600mm。生产的主要钢种有碳素结构钢、优质碳素结构钢、低合金高强度结构钢、汽车结构钢、高耐候结构钢、管线钢和超低碳钢。产品主要定位于建筑用板的生产，同时考虑了油气管线钢系列、耐腐蚀钢系列、家电用钢系列和汽车用板系列等品种开发的需要。产品按国标和相关国际标准（JIS、DIN、ASTM）组织生产、检验和交货。由马钢的工艺设计、设备能力和质量控制水平来看，马钢 CSP 生产线具备生产国内外 CSP 线能够生产的所有品种。产品开发将在打通现有产品大纲的前提下，逐步和世界先进水平接轨，为我国热轧板卷生产达到世界一流水平做出应有的贡献。

马钢的 CSP 生产线是目前世界技术水平最高的 CSP 生产线之一，它的建成将有效改善马钢的产品结构，为企业创造良好的经济效益。马钢 CSP 生产线更加突出了超薄的概念。大量新技术的采用，可稳定轧制厚度 1.0mm 以上热轧卷，大大提高了超薄板卷所占比例。精轧机组在 CSP 热连轧线上采用紧凑式布置，不但缩短轧线长度，而且节省投资。生产中可减少轧线温降，进一步保证板卷质量。马钢 CSP 线增设了立辊轧机和飞剪，加大了冷却能力，并在生产线上实现半无头轧制和铁素体轧制。

4.5 首座 ESP 薄板坯无头铸轧厂生产实践

截至 2013 年年底，我国共有 70 套热轧宽带钢机组已投产，产能达到 2.29 亿吨，由此产生的能耗巨大。近年来，为了节能降耗，欧洲、日本和韩国等地区和国家的钢铁企业在努力实现热轧板带减量化制造技术方面进行了大量的研究开发工作并取得显著效果。其中，开发和发展热轧板带无头轧制技术，进一步提高板带成材率、尺寸形状精度与薄规格超薄规格比例、实现部分"以热代冷"、降低辊耗等方面取得显著成绩。该项技术是钢铁生产技术的又一次飞跃，代表了当今世界热轧带钢的前沿技术。

1997 年浦项和日立联合着手开始研制采用剪切、焊接工艺，进行中间坯连接的带钢无头轧制新工艺。1998 年 4 月，日本新日铁大分厂研制成功了利用高能激光器对中间板坯实现对焊的钢板无头轧制生产线。2006~2007 年浦项和日立采用剪切、焊接工艺进行中间坯连接的带钢无头轧制新工艺投入工业化生产，这种基于摆剪概念的新型固态连接工艺，实现了无头轧制连接技术的创新。2009 年意大利钢铁企业阿维迪与西门子公司联手打造的世界第一套 ESP 无头铸轧带钢生产线投产，当年产量达到 45 万吨。

将薄板坯连铸工序与热轧工序结合起来，直接生产薄规格热轧钢带，这种紧凑式钢带生产（ISP）技术约在 1990 年问世。使这一技术变为现实的最重要技术成就，源于几方面：(1) 薄板坯连铸技术及在热轧机上直接加工等诸多进展。(2) 不断提高连铸速度和开发新的耐火材料。(3) 自动化实现更好的工艺控制，并结合多年的运行经验共同为阿维迪公司 ESP 工艺与工厂的成功提供了基石。阿维迪公司 ESP 工艺里程碑式的生产结果是月产 0.8mm 薄规格热轧带卷 16 万吨，产品宽度 62 英寸，连铸产能接近 400 万吨/h。

4.5.1 ISP 技术价值

由阿维迪开发的 ISP 铸轧技术是根据洁净钢生产理论，通过基于从钢水到最终带卷产品生产的工艺参数对称性、均匀性与一致性的技术而实现的。

ISP 具有以下 7 大独特工艺优势：

(1) 结晶器系统和液芯压下，使得板坯中心无偏析、晶粒尺寸细小且温度分布均匀。

(2) 在板坯全厚度方向的温度分布（TTD）呈反向温度曲线，板坯中心温度大于 1200℃、表面温度大于 1100℃。

(3) 薄板坯在大压下轧机（HRM）上以缓慢速度铸轧，获得小于 2% 的极低凸度的中间坯，随后进入精轧线。

(4) 感应加热炉提高板坯温度并优化温度分布，可按照最佳的加工要求对每一带卷设置中间坯温度。

(5) Cremona 加热炉，一个加热坯料缓存区以均匀中间坯温度。

(6) 精轧机组轧制工艺高度灵活性。

(7) 自动化编制生产计划及控制，优化所有工艺参数和产品。

4.5.2 ISP 优点

从工艺的角度来看，ISP 具有以下优点：

(1) 低轧制力，原因是在高温区利用液芯压下及 HRM，降低轧制能耗。

(2) 通过连铸和轧制工艺参数的设置，使工艺稳定且高度灵活。

从产品的角度来看，ISP 也具有以下优点：

(1) 工艺参数选择范围宽，可根据每一卷带钢进行调整。

（2）产品质量范围宽，从中等质量到高质量产品。

（3）在整个带钢的宽度及长度方向上显微组织和性能的高度均匀性。

从投资的角度看主要优点为：

（1）低投资成本，原因是紧凑的生产线和少轧机机架布置。

（2）低加工成本，原因是优异的热能利用和稳定的工艺过程。工艺参数高度灵活 ISP 技术，遵循了热的钢坯温度自然变化，形成低投资成本及低生产成本以及高产品质量的基础。

ISP 技术目前涵盖了全球范围内的 20 个专利体系，对工艺技术、主要工艺设备及特殊的产品线进行完全保护。

4.5.3　ESP 技术

新的阿维迪 ESP 无头生产线是首座新一代薄板坯铸造与直接轧制线的生产厂。该项技术是在德马克公司的 ISP 技术基础上开发的，其生产线中的连铸机采用平行板式直弧形结晶器，铸坯导向采用铸轧结构，经液芯压下铸坯直接进入初轧机轧制成中厚板，而后经剪切可下线出售，不下线的板坯经感应加热后，进入五架精轧机轧制成薄带钢，经冷却后卷曲成带卷。ESP 工艺生产线布置紧凑，不使用长的加热炉或克雷莫纳炉，生产线全长仅 190m，是世界上最短的连铸连轧生产线。

具有如下特点：

（1）完全连续的钢带生产。

（2）单铸流生产线具有杰出的产能。

（3）超薄钢带产品生产比例高。

（4）高质量钢带产品生产比例高。

（5）从钢水到热轧带卷的加工成本最低。

（6）最紧凑的生产线布置。

以下将详细叙述保证无头热钢带生产的工艺步骤。

4.5.3.1　高连铸速度

只有当连铸速度高且一致时，才有可能开始从钢水到热轧带卷的无头生产。

现在，采用优化设计的铸机实现这一点，该铸机的厚度及连铸速度范围的灵活性都超过传统的最新技术，包括浸入式水口形状的进一步优化以及特殊设计的阿维迪结晶器几何形状。流体动力学计算的数学模拟和物理模拟实验表明，当前的连铸速度可超过 5~6m/min，对 70mm 和 80mm 厚的铸坯也可以采用这个高的连铸速度，保证无头生产所必需的钢水流量。

实际生产证实了理论结果。无论何时，当可能时，在 ISP 厂生产中经常采用 6~7m/min 的连铸速度。

当连铸速度超过 6m/min，需要采用电磁制动（EMBr）稳定流动模式及弯月面，自 2005 年以来 ISP 厂一直在进行电磁制动操作，说明具有进一步提高连铸速度和钢水流量的潜力。

4.5.3.2　连铸过程中工艺控制

对铸机上端板坯开始凝固及铸壳形成的可靠控制是过去 10 年中的最重要进步，同时也需要针对不同钢种优化连铸保护渣。通过控制结晶器内的摩擦和温度分布，如今已经实现了高连铸速度下的高稳定性连铸。

4.5.3.3 自动化

工艺控制、传感器技术、数据管理和工艺模型上的进步是成功的关键。采用的神经网络增强型工艺模型灵活性高，是西门子·奥钢联用于厚度控制、温度控制和板型及平直度控制的 SIROLL 产品系列中的标准产品。另一个自动化控制技术是显微组织目标冷却工艺包，它控制带钢的冶金参数。在 ESP 生产线中，自动化控制集成了从连铸到冷却全过程中所有的工艺步骤。

4.5.3.4 阿维迪 ESP 线——Cremona 2 号厂

新建的阿维迪无头铸轧生产线由 4 个主要的设备段组成，如图 4-12 所示。

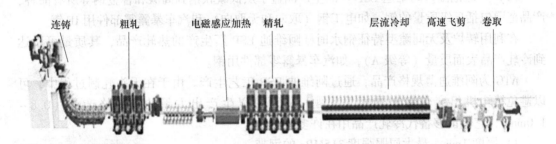

图 4-12 意大利阿维迪 ESP 生产线示意图

第一段有一个薄板坯铸机，随后在连铸机出口处放置一组连在一起的 3 机架 4 辊大压下轧机。液芯压下作为铸坯内部质量保证的重要因素，在 HRM 前采用 Smart 型铸机。

HRM 轧制特殊热厚度分布、TTD 的板坯，板坯芯部的变形抗力特别低，具有以下效果：

（1）改善的材料组织。

（2）优异的材料同向性能。

（3）降低能耗。

（4）大为改善的凸度。

在 HRM 之后，8~20mm 厚的中间坯已经有一个完全满足热轧卷标准的平直度板形与质量参数。

对使用立式铸机和隧道炉的其他类型薄板坯连铸和直接轧制生产线，通常板坯入口厚度要厚得多，在 55~65mm 范围内。对传统生产线，要达到与 ESP 同样的出口厚度，每机架的轧制力要求更大，从而增加电机功率、轧辊磨损，特别对更薄规格产品而言，实现良好的板形和平直度更加困难。

在第二段，中间坯温度在感应加热炉内调整以满足精轧要求。钢带温度是工艺性能的关键。

通过热负荷能力和功率密度控制，实现钢带精确、灵活的温度控制。对每一钢种进行恰当的温度调整，实现最好的带钢质量和低能耗。感应加热炉的加热功率由最大 123MW 感应加热器提供，加热距离短，小于 12m。

　　铸轧生产工艺对高硅钢等钢种的加工提供一种尤其有利的温度曲线。在加工过程中，温度可以维持在 1000℃ 以上，因此避免了析出物形成，并提高有效合金元素的量。

　　第三段由一个高压除鳞机和一个 5 机架精轧机组组成，除鳞机精确除去表面氧化铁皮，同时温损最低，而精轧机配有西门子·奥钢联灵活凸度（SmartCrown）技术包。该精轧机组可以轧制厚度 0.8~12mm（或更薄）、最大宽度 1570mm 钢带。在精轧机组出口处安装一个高级冷却系统，可以保证生产包括高强度低合金（HSLA）和多相钢等大范围钢种。

　　第四段由一个高速飞剪组成，剪断正好位于地下卷取机前的钢带，随后钢带被卷取，最大卷重为 32t。

　　由西门子·奥钢联开发的工艺自动化系统和技术包的结合是保证 ESP 满足稳定生产和稳定的产品质量参数的决定性因素。

　　（1）产品范围。阿维迪 ESP 厂的生产涵盖了从低碳软钢到高碳和合金钢等所有品种，产品范围包括顶级质量的钢，如电工钢（取向和无取向）和汽车暴露零部件用 IF 钢。

　　在利用转炉及无间隙型特征钢水时，阿维迪 ESP 厂生产的热轧产品，其质量可以达到冷轧产品表面质量（等级 A），如汽车暴露零部件用钢。

　　ATG 为阿维迪薄规格产品，通过阿维迪 ESP 工艺生产。由于在无头轧制过程中，可以避免精轧机组穿带带来的相关问题，从而可以生产出大量的薄规格产品（0.8~1.0mm），它们能够替代冷轧产品用在许多领域。

　　1）厚度 1mm，最大屈服强度 315MPa 的钢带。

　　2）厚度 1.2mm，最大屈服强度 420MPa 的钢带。

　　3）厚度小于 2mm，最大屈服强度达到 700/800MPa 的高强度钢带。

　　4）厚度 1.2/1.5m，DP600/1000 钢带。

　　（2）生产结果。该生产线完成热试后，开始生产，向市场供货。

　　目前能够生产的最薄规格为 0.8mm，产品宽度为 1540mm，钢带具有非常优异的表面质量、组织及尺寸公差性能。

　　（3）节能纪录。与低能耗紧密相连的是 ESP 厂的直接与间接温室气体和有毒气体排放量更低（NO_x 和 CO）。与传统薄板连铸连轧相比，生产通常规格产品时排放量为 40%~50%，而生产薄规格产品时排放量为 65%~70%。

　　新的生产理念是利用钢水生产热轧带卷时实现世界最佳的能量平衡纪录，由于在轧制时带钢中心仍然是软的，因此将变形能要求降为最低。

　　当阿维迪 ESP 厂提高产能及生产率时，所需能源更少，这与其他的薄板坯生产工艺不同。板坯热能直接用于在 HRM 上的首次压下，提供反向温度曲线的优势，通过感应式加热炉加热中间坯，所需热量最低，而且确切地说加热时机恰到好处。在停机过程中（两次生产程序之间的周转时间、维护作业等），感应式加热炉能简单地关闭，因此不消耗能量。

　　在生产作业过程中测量了能耗情况，并与离线模拟生产 S235JR 钢种的结果进行对比，对模型进行调整后，可以对不同产品厚度和连铸速度的能耗情况进行可靠的预报。

　　从实测与预报结果看出，如果产品最终厚度减薄一半，则所需变形能更高，能耗将增加 20%。相反，当连铸速度每提高一个 m/min 单位，则能耗将降低 20%~25%。

当使用热轧薄规格钢带替代冷轧钢带时，节省了冷轧、退火及光整所需能量，节能潜力大。由无头工艺生产的高质量薄规格产品将使薄规格热轧带卷不断地得到市场的接受和认可。

ESP 生产线的另一优势，是使用尺寸精度和板形优异的热轧薄产品，在少道次的冷轧规程下获得如 0.3mm 和 0.2mm 这样薄规格的冷轧产品（更低的投资和加工成本）。

阿维迪公司投资建成世界上首条 ESP 生产厂，原因在于 ESP 工艺独特的优势，它可以简单地归结为这样一句话："ESP 工艺是基于铸轧理念之上、冶金转变原理最紧凑的工艺。"

也可以详细归纳如下：

（1）独特布置的 ESP 工艺线可生产 0.8mm 和更薄规格的带卷产品。

（2）低能耗及更少排放带来环境友好。

（3）热轧薄带的经济生产，替代许多用途的冷轧带（甚至在冷轧后厚度低至0.2mm）。

（4）由于生产线短（约 180m）以及连铸和轧制工序直接相连，成本显著降低。

（5）无头 ESP 铸轧工艺能生产力学性能均匀（高附加值）的高质量带卷。

（6）完全集成的生产设施结合先进的工艺技术包，保证整条生产线的高可靠性、高生产率以及优异的产品质量。

（7）产品包括涵盖汽车暴露件用钢带的所有钢种。

（8）投产时间极短。

（9）低加工成本和低投资成本，回收期短。

5 近终形浇铸——薄带连铸技术

薄带连铸（Strip Continuous Casting）是一种近终形的连续铸钢技术，它直接浇铸厚度15mm以下的薄带坯，不再经热轧而直接冷轧成带材。探索直接浇铸板材的方法可以追溯到19世纪。最早提出这一思想的是贝塞麦（Henry Bessemer），1856年用双辊顶部注入工艺成功浇铸了钢和可锻铸铁的薄板。此后发展采用了多种试验方案，由于有色金属熔点低，使得有色金属薄带连铸较早地进入生产阶段。钢的薄带连铸仍处于试验研究阶段。连铸薄带有多种方法，应用较多的是双辊连铸，钢液浇铸在双辊（冷却辊）之间，在双辊中间完成钢液凝固冷却和成型（轧制）。此双辊既是结晶器又具有一定的相对压力，以保持产品的形状和尺寸。

5.1 薄带连铸方法

用于连铸机直接浇铸厚度为 1~10mm 的近终形带钢的生产工艺称为薄带连铸或直接带钢连铸，主要方法有双辊法、单辊法、双带法、喷射法。其中双辊法（Twin Roll Strip Cast）比较成熟。表 5-1 为国内外部分薄带连铸技术工艺参数。

表 5-1 国内外部分薄带连铸技术工艺参数

国家和公司	铸机类型	辊径/mm	铸速/m·min⁻¹	铸带尺寸/mm 厚度	铸带尺寸/mm 宽度	钢包容量/t
于齐诺尔-萨西洛尔（法国），蒂森（德国）、克莱西姆（法国）	双辊	1500	60	1~6	865~1300	25
新日铁（日本）、三菱重工（日本）	双辊	1200	4（20~130）	1.6~5	1300	10
浦项（韩国）、戴维（英国）	双辊	750	34~40	2~6	360（1300）	10
太平洋金属（日本）、日立造船（日本）	双辊	1200	20~50	2~5	1050~1250	10
新材料开发中心（意大利）、意大利钢铁公司（意大利）	双辊	1500	0.8~100	2~10	750~850	20
英国钢铁公司（英国）、阿维斯塔（瑞典）	双辊	750	8~36	2~5	400~600	4
布罗肯希尔（BHP）（澳大利亚）、石川岛播磨重工（IHI）（日本）	双辊			2	1900	25
克虏伯（德国）、日本金属工业（日本）	异径双辊	950/600	40	1.5~4.5	1000	10
阿路德拉姆（ALC）（美国）、奥钢联（VAI）	单辊	2133	15~72	0.3~3	1325~1500	18
MEFOS（瑞典）、MDH（德国）	单辊		20~60	5~10	450~1000	

国家和公司	铸机类型	辊径/mm	铸速/m·min⁻¹	铸带尺寸/mm 厚度	铸带尺寸/mm 宽度	钢包容量/t
内陆钢公司（美国）	双辊	300	60	2~4	300	
阿勒德隆公司（美国）	单辊	2133	9~72	1~3	1320	
上海钢铁研究所（中国）	双辊	200	<30	2~6	110	0.15
东北大学（中国）	异径	200/500	<40	1~5	210	0.25
上海钢铁研究所（中国）	双辊	500	<30	2~4	580	0.5
重庆大学（中国）	双辊	250	3~30	1~10	150	0.1

5.1.1 双辊法

5.1.1.1 水平双辊式（图 5-1 和表 5-2）

水平双辊式带钢连铸机具有结构简单、易于控制、双面结晶、内部质量好的优点。但这种铸机液面稳定性差，防止二次氧化能力差，浮渣卷入影响带钢质量，侧封边有飞边；用中间包侧封板要求严格，易坏且更换困难。

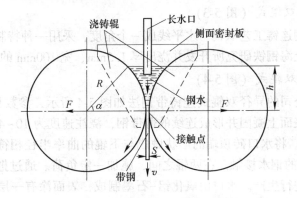

图 5-1 水平双辊式连铸示意图

表 5-2 水平双辊式连铸参数

类 别	特 性
连铸机类型	反向旋转两个辊子
浇铸辊直径/mm	1500
浇铸辊材料	钢
带钢厚度/mm	2~10
带钢宽度/mm	400
铸速/m·min⁻¹	0.8~20
马达功率/kW	44
最大辊子分离力/kN	1500

日本日立造船公司试制带有钢水内浇口（使用水冷铜辊）的双辊连铸机（图5-2），对厚20~35mm板坯进行拉坯试验，结果表明用这种连铸机可以进行薄板坯连铸。

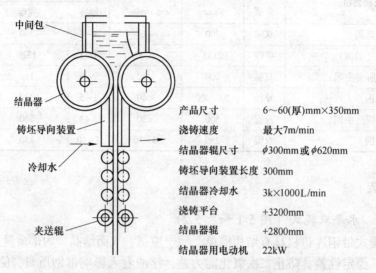

产品尺寸	6~60(厚)mm×350mm
浇铸速度	最大7m/min
结晶器辊尺寸	φ300mm或φ620mm
铸坯导向装置长度	300mm
结晶器冷却水	3k×1000L/min
浇铸平台	+3200mm
结晶器辊	+2800mm
结晶器用电动机	22kW

图5-2 日立造船公司双辊连铸机示意图及其参数

5.1.1.2 倾斜双辊式（图5-3）

倾斜双辊式带钢连铸工艺双辊与水平线成一个角度，采用一种特制浇铸水口将钢液注入两辊间隙。我国上海钢铁研究所开发并浇出厚1.5mm、宽100mm的薄带。

5.1.1.3 异径双辊式（图5-4）

日本金属工业公司的异径双辊式连铸带钢法如图5-4所示，参数见表5-3。钢水在旋转着的上、下辊的表面上凝固并形成连续的薄带钢，浇注速度为10~40m/min，连铸带钢厚度范围为1~4mm。将水口砖顶端的形状做成与下辊的曲率半径相符合。上辊与下辊倾斜约20°并与水口中的钢水接触。在两辊之间，施加一定负荷。通过把上辊向外移动，而不用上辊时，也可进行生产。水口由氧化铝-石墨制成，表面涂有一层陶瓷材料，每个浇铸辊都通水内冷。

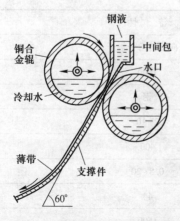

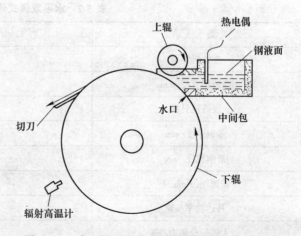

图5-3 倾斜双辊式连铸示意图　　　图5-4 日本金属工业公司异径双辊式连铸示意图

表 5-3　异径双辊式连铸机参数

上辊	材质：低碳钢 直径：200mm 冷却水：5m³/h（标态）	下辊	材质：不锈钢 直径：1020mm 冷却水：25m³/h（标态）
马达	AC-5.5kW-AS 马达×2	水口	材质：氧化铝-石墨+陶瓷涂层 宽度：300mm

德国克虏伯钢铁公司的异径双辊式铸机（图 5-5），浇铸厚 1~4mm、宽 1000mm 的带钢，钢种为 304 不锈钢，浇铸总重 4t。

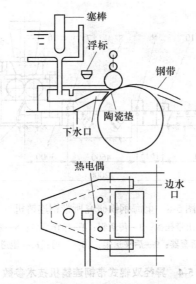

图 5-5　德国克虏伯钢铁公司异径双辊式连铸机示意图

5.1.2　单辊法

单辊连铸机（图 5-6）是使用一个铜合金或不锈钢质的水冷旋转辊，将钢水从辊子上部或侧面紧贴着辊子表面流出，在辊子上被激冷而制成薄的带钢。这种方法主要用于浇铸厚度小于 1mm 的极薄带材。

轮带式浇铸法（图 5-7）是结合了轮式和带式铸机的优点，在水平单带上固定一旋转辊浇铸 5~10mm 厚、150mm 宽的薄带，表面质量良好。

上海钢铁研究所研制的带钢连铸机（图 5-8），辊径1200mm，辊宽 600mm，不锈钢带，浇铸薄带宽 580mm、厚2~5mm。铸带的表面和内部质量良好，冷轧后的质量达到了国家标准。异径双辊式带钢连铸机技术参数见表 5-4。

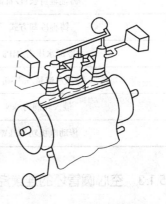

图 5-6　康卡斯特标准公司
单辊薄带连铸机示意图

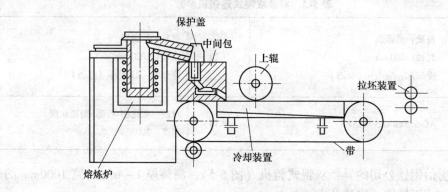

图 5-7 轮带式浇铸法示意图

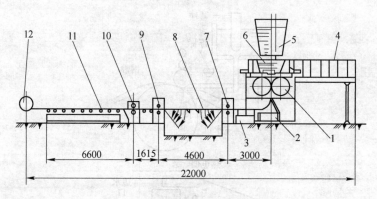

图 5-8 上海钢铁研究所带钢连铸机

1—带钢连铸机;2—出带托板;3—传送辊;4—操作平台;5—钢包;6—中间包;
7—前夹送辊;8—活套器;9—后夹送辊;10—飞剪;11—辊道;12—卷取装置

表 5-4 异径双辊式带钢连铸机技术参数

技 术 参 数	数 值
铸辊直径/mm	φ1200
铸辊辊身长度/mm	600
铸辊冷却方式	内冷法
冷却水压力/MPa	0.2
冷却水流量/$m^3 \cdot h^{-1}$	200
最大轧制力/kN	800
传动电机功率/kW	55×2

5.1.3 空心圆管坯的连续浇铸

实心管坯需要穿孔和轧管。实心的管坯在制管之前都必须先进行穿孔,其目的是将实心管坯加工成空心坯,以备进一步加工成钢管。为达到这一目的,不仅需要专门的穿孔设备，而且金属消耗大、工序多、占地大，钢管的成本也就必然高。连续浇铸空心圆坯是生产连铸管坯的一个新方向。这样不仅可以生产难穿钢种的管坯，而且可以为生产大直径钢管创造条件。

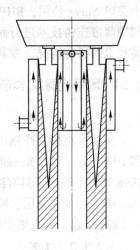

空心连铸坯的优点在于中心疏松和偏析在管壁内呈环形，对于钢管生产，特别是当其后有张力减径机和冷轧机时，是更为有利的。

在圆形结晶器中同心地放入一个水冷的芯子作内结晶器，钢液则浇入结晶器与内结晶器形成的环形空间之中，可得到管状的空心坯，浇铸空心坯的困难是内结晶器的设计问题。锥度太小，铸坯收缩时会将内结晶器箍住，妨碍铸坯的拉出使得浇铸不能顺利进行；锥度太大，则由于凝壳与内结晶器接触不良而不能得到充分冷却，会产生破裂或漏钢事故。空心圆管坯的连续浇铸示意图如图 5-9 所示。

图 5-9 空心圆管坯的
连续浇铸示意图

5.2 薄带连铸技术——M 工程和 C 工程

薄带连铸技术是冶金及材料研究领域内的一项前沿技术，它的出现正为钢铁工业带来一场革命，它改变了传统冶金工业中薄型钢材的生产过程。传统的薄型钢材一般采用板坯连铸法，在生产中需要经过多道次热轧和反复冷轧等工序，具有能耗大、工序复杂、生产周期长、劳动强度大、产品成本高、转产困难等缺点。厚板坯（200～300mm）连铸连轧工艺线长度一般在 500～800m 之间，薄板坯（50～60mm）为 300～400m，而采用薄带连铸技术，将连续铸造、轧制，甚至热处理等整合为一体，使生产的薄带坯稍经冷轧就一次性形成工业成品，简化了生产工序，缩短了生产周期，其工艺线长度仅 60m；设备投资也相应减少，产品成本显著降低，并且薄带质量不亚于传统工艺。此外，利用薄带连铸技术的快速凝固效应，还可以生产出难以轧制的材料以及具有特殊性能的新材料。但从目前的研究情况来看，薄带连铸技术主要集中生产在不锈钢、低碳钢和硅钢片方面。

薄带连铸技术工艺方案因结晶器的不同，分为带式、辊式、辊带式等，其中研究得最多、进展最快、最有发展前途的当属双辊薄带连铸技术。该技术在生产 0.7～2mm 厚的薄钢带方面具有独特的优越性，其工艺原理是将金属液注入一对反向旋转且内部通水冷却的铸辊之间，使金属液在两辊间凝固形成薄带。双辊铸机依两辊辊径的不同分为同径双辊铸机和异径双辊铸机。两辊的布置方式有水平式、垂直式和倾斜式三种，其中尤以同径双辊铸机发展最快，已接近工业规模生产的水平。

1857 年，英国的 Bessemer 首次尝试采用双辊技术直接铸造钢带，并获得了该项技术的第一项专利。在最初的 100 多年里，由于制造技术和控制技术等相关技术的落后，过程控制较为困难，产品质量无法保证，使得这项技术基本上处于停滞状态。到了 1989 年，澳大利亚 BHP（Broken Hill Proprietary Company）公司和日本的 IHI（Ishikawajima-Harima Heavy Industries）公司决定联合开发钢的双辊薄带连铸技术。在澳大利亚建立了一个用于研究此项技术的研究厂，命名为 M 工程。直至 1999 年，M 工程才完成了它的使命。通过研究和开发，在薄带连铸技术方面获得了 1500 多项专利。为了管理和继续研发有关技术，由美国 Nucor 公司，BHP 和 IHI 合资组建了一个铸带有限责任公司（Castrip LLC）。首家利用薄带连铸技术进行商业性生产的公司是美国 Nucor 公司，命名为 C 工程。现就薄带连铸技术的研究情况、专利技术和商业性生产方面进行概述。

5.2.1 薄带连铸技术的研究——M 工程

5.2.1.1 概要

从钢水直接生产钢带，钢铁工业的专家们已经梦想了近 150 年。从 1989 年起，BHP 和 IHI 在澳大利亚 Kembla 港建了一个大规模研究厂，一直合作研究薄带连铸技术。到了 1998 年，生产出了具有商业价值，规格为 2mm×1345mm 的低碳钢带卷。该薄带可通过酸洗、冷轧、金属涂层、喷涂等工艺处理后用于建筑工程，也可以作为生产钢管的原材料。从 1999 年起，重点集中研究厚度小于 1.4mm 的较薄规格钢材。

5.2.1.2 工艺

图 5-10 所示为澳大利亚 Kembla 港研究厂的纵面布置图，该图反映了薄带连铸生产的工艺过程，图中 1-10 分别表示钢包回转台、钢包、等离子控温仪、中间包、双铸辊、轧机、夹送辊、拉辊、剪刀机和卷取机。研究厂薄带连铸的工艺过程为：60t 电弧炉在 3h 内炼出钢水，出钢后用行车把运送小车上的钢包吊上钢包回转台。在浇铸期间，钢水源源不断地从钢包到中间包，在中间包用等离子控温仪可以控制温度，也可以使钢水得到缓冲和均匀。通过缓冲和均匀后，钢水沿水口流向铸辊，铸辊对钢水具有凝固作用，表层凝固后的钢带进入由惰性气体保护的缓冲池，该池保证钢带继续凝固，同时具有控制温度的功能，以便在随后的 50% 压下量的轧机上有个合适的入口温度。轧制后钢带冷却，经剪刀机定尺剪断后，用两个卷取机中的一个将钢带卷取。整个工艺路线长 56m。表 5-5 为 M 工程的技术参数。

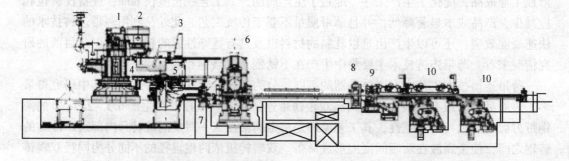

图 5-10　澳大利亚 Kembla 港研究厂的纵面布置图
1—钢包回转台；2—钢包；3—等离子控温仪；4—中间包；5—双铸辊；
6—轧机；7—夹送辊；8—拉辊；9—剪刀机；10—卷取机

表 5-5　M 工程的技术参数

双辊铸机的铸辊直径为 500mm	
铸速/m·min^{-1}	80，最大 150
带厚/mm	0.9~2.0
带宽/m	1.0~2.0（当前宽度 1.345）

续表 5-5

双辊铸机的铸辊直径为 500mm	
卷重/t	25（2 台 40 卷取机）
钢种	含碳 0.06%，用硅脱氧的低碳钢
60t 钢包，10t 中间包	
具有控制钢水温度的等离子控温仪	
在线热轧	
铸机生产能力/万吨·a^{-1}	30~50

5.2.1.3 产品质量

A 表面质量

薄带的表面质量是通过一系列的检测和控制技术来保障，整个薄带连铸安装了在线检测设备，对每一卷的头尾取出 10m 进行视检、酸洗和着色试验，以便暴露宏观和微观缺陷。

B 内部质量

钢带的内部质量关系到轧制变形的顺畅和最终产品的性能，图 5-11 是通过 X 射线反映的薄带内部空洞情况。内部空洞的存在主要与不均匀凝固有关。要控制好钢的化学成分和凝固条件。无内部空洞是较理想的钢带组织。

通过对铸带的扫描电镜分析，图 5-12 反映了钢带内部夹杂物的大小和分布情况。横坐标为夹杂物大小，纵坐标为不同大小夹杂物出现的频数。由图可知，3.5μm 大小的夹杂物所占比例最大，大多数夹杂物大小分布在 2.5~8.5μm 之间。

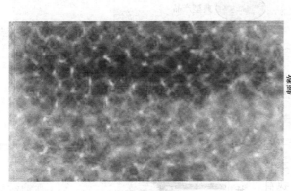

图 5-11　薄带内部空洞

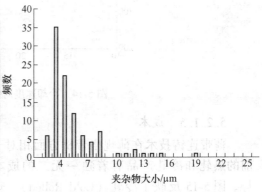

图 5-12　钢带内部夹杂物大小和分布

5.2.1.4 组织与性能

图 5-13 所示为冷却速度对组织性能的影响。图中横坐标为冷却速度，纵坐标为抗拉强度。从左到右冷却速度越来越大，组织分别为多边形铁素体（Polygonal Ferrite）、多边形+针状铁素体（Polygonal+Acicular Ferrite）、贝氏体（Bainite）和马氏体（Martensite）。伴随组织的变化，其强度越来越高。

组织不同，其性能不同。多边形铁素体的抗拉强度为 350MPa，马氏体为 900MPa，其

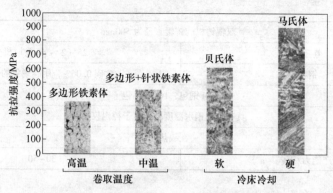

图 5-13　控制冷却速度改变组织性能

他组织的性能位于两者之间。不同的组织是在不同的冷却速度下得到的，带卷温度较高时将得到多边形铁素体，带卷温度为中温时得到多边形+针状铁素体，在冷床上弱冷得到贝氏体、强冷则得到马氏体。

图 5-14 所示为冷却速度对铸带产品力学性能的影响。横坐标表示伸长率，纵坐标为屈服强度。从图中的左上角到右下角冷却速度由快到慢，屈服强度逐渐降低，伸长率逐渐增加。

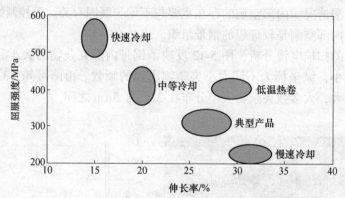

图 5-14　冷却速度对铸带产品力学性能的影响

5.2.1.5　成本

薄带连铸技术在薄规格带材方面相对于目前的热轧和冷轧产品有着独一无二的成本优势。图 5-15 反映了冷轧（Cold Rolled）、热轧（Hot Rolled）和铸带技术（Castrip Technology）的带材厚度（横坐标）和生产成本（纵坐标）的关系。带材越薄，生产成本都会增加，但热轧增加显著，冷轧次之，而铸带技术增加很少。如果用铸带产品替代冷轧产品，其成本每吨可降低 60~70 美元。

表 5-6 是项目投资和生产成本，熔炼车间投资 6000 万美元，单位投资每年每吨 150 美

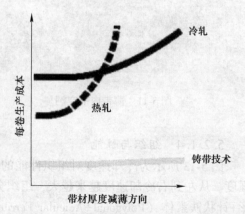

图 5-15　冷轧、热轧与铸带技术的带材厚度和生产成本的关系

元。薄带连铸机投资 8000 万美元,单位投资每年每吨 200 美元。总投资 1.4 亿美元,总单位投资每年每吨 350 美元。从钢水转化为带卷每吨生产费用为 40 美元。

表 5-6 项目投资和生产成本

1. 投资费用		
项 目	投资/百万美元	单位投资/美元·(年·吨)$^{-1}$
熔炼车间	60	150
薄带连铸机	80	200
总计	140	350
2. 生产费用		
从钢水转化为带卷的生产费用为 40 美元/吨		

5.2.2 关于薄带连铸技术的知识产权

薄带连铸技术知识产权专由铸带有限责任公司负责管理,该公司由 Nucor 公司、澳大利亚的 BHP 和日本的 IHI 合资新建,主要从事薄带连铸技术的研发与管理,重点在于碳钢和不锈钢的双辊薄带连铸。其拥有专利达 1500 多项。图 5-16 反映了薄带连铸技术各领域所拥有的专利情况。

图中铸辊侧封占 15%,大气控制占 10%,薄带的轧制、冷却及处理占 10%,商务管理占 9%,钢水递送占 20%,缓冲池控制占 12%,辊子设计占 24%。

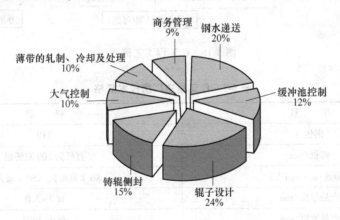

图 5-16 薄带连铸技术各领域所拥有的专利

5.2.3 薄带连铸技术的商业应用——C 工程

C 工程是美国 Nucor 公司,运用 M 工程的研究成果,建立的世界上首家由 Castrip LLC 知识产权允许的商业性薄带连铸生产厂。该厂位于印第安纳州的 Nucor 公司所在地 Craw-fordsville,故名 C 工程。

图 5-17 所示为薄带连铸机双铸辊的工作情况。两铸辊反向旋转,铸辊两侧有耐火材料制作的侧封装置,防止钢液外流,钢水通过铸辊即刻凝固为固体薄带。平均冷却速度达 1700℃/s,整个凝固时间仅 0.15s(带厚 1.6mm,铸速 80m/min)。

图 5-18 是 C 工程工艺流程。其工艺路线为：钢水
→钢包（Ladle）→ 中间包（Tundish）→ 过渡段
（Transition Piece）→ 水口（Delivery Nozzle）→ 铸辊
（Casting Rolls）→ 控制大气（Controlled Atmosphere）
→夹送辊（Pinch Rolls）→ 热轧机架（Hot Rolling
Stand）→拉辊（Pinch Rolls）→剪切（Shear）→卷取
（Down Coilers）。图中第二架轧机为可选项。卷取机有
两台，交替工作。从中间包到卷取机的距离仅60m，相
当于板坯铸机的1/10长。表5-7是 C 工程主厂房技术
规格。

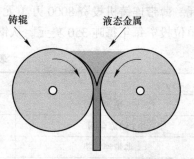

图 5-17 薄带连铸机双铸辊工作情况

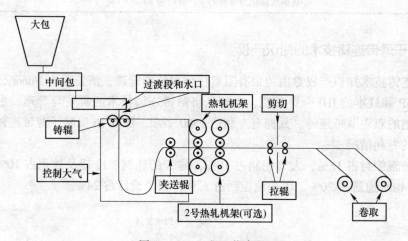

图 5-18 C 工程工艺流程

表 5-7 C 工程主厂房技术规格

项 目	规 格
钢包/t	110
铸机/mm	直径为 500 双铸辊
铸速/m·min⁻¹	80（典型），150（最大）
产品厚度/mm	0.7~2.0
产品宽度/mm	最大 2000
卷重/t	25
轧机	单架 4 辊轧机
工作辊尺寸/mm	475×2050
支持辊尺寸/mm	1550×2050
轧制力/MN	最大 30
主电机/kW	3500

双辊薄带连铸技术已受到世界各国的普通重视，它的开发成功必将改变冶金工业的面
貌，从而带来巨大的经济效益和社会效益。虽然目前还存在诸多的问题，如薄带表面质量

和薄带厚度的均匀性、铸速的稳定性、薄带的宽度、侧封材料、铸辊材质和冷却、钢水保护及各项控制系统等。从以上 M 工程研究成果来看，国外对于双辊薄带连铸技术的研究已取得了重大进展，今后将重点集中在铸机及工艺适应性研究、薄带的组织与性能研究、数学模型的建立和应用研究上。而我国的研究和开发与其相比，还存在较大差距，因此我们应该借鉴国外成功的先进经验和研究成果，加大投入，采取联合攻关的形式，加快研究步伐，争取早日赶上世界先进水平。让我们行动起来，尽快地了解它、研究它，进而提升我国的薄带生产技术。

5.3　薄带连铸技术的发展现状与思考

薄带连铸技术是冶金及材料领域的一项前沿技术，它不同于传统冶金工业中薄带材的生产工艺，而是将连续铸造、轧制，甚至热处理等串联为一体，铸出毫米级的薄带坯，经在线轧制后一次性形成工业产品。薄带连铸技术简化了生产工序、缩短了生产周期、设备投资也相应减少，并且薄带品质不亚于传统工艺。此外，利用薄带连铸技术的快速凝固特点，还可以生产出传统工艺难以轧制的材料以及具有特殊性能的新材料。

各种先进凝固技术的研究，其最终目的都是应用于材料的制备与生产，从这一意义上讲在众多的快速凝固技术中，双辊薄带连铸是能够大规模、低成本、商业化生产的技术。

薄带连铸技术工艺方案因结晶器的不同而分为辊式、带式与辊带式等，其中研究最多、进展最快、最具发展前途的当属双辊薄带连铸技术。

5.3.1　钢的薄带连铸发展现状

钢铁材料的双辊薄带连铸从亨利·贝塞麦提出专利，经过 150 年的发展，特别是近 20 多年的努力，至今才取得突破性的进展，其中备受世人关注的是 Eurostrip 工程和 Castrip 公司。

5.3.1.1　Eurostrip 工程

由蒂森克虏伯、于齐诺尔和奥钢联 3 家组成的合资企业 Eurostrip，目前有两台薄带连铸机在运行。

（1）德国蒂森公司克雷菲尔德（Krefeld）厂。1999 年 12 月建成，拥有世界上第一台工业规模的带钢铸机，铸机年产能力最终将达 40 万吨，带坯宽度 1430mm，铸辊直径 1500mm，铸带速度 40~90m/min（最大铸速 150m/min）；浇铸 304 不锈钢时，铸带坯厚度 1.8~4.5mm，经单机架四辊轧机在线轧制成 1.3~3.5mm 的薄带。由于快速凝固抑制杂质元素的偏析，大大改善了带钢的防腐性能。与传统连铸工艺相比，吨钢节能 85%，CO_2 排放量降低 85%，NO_x 降低 90%，SO_2 降低 70%。

（2）意大利特尔尼厂。铸带机组带坯宽 1130mm，铸辊直径 1500mm，带坯厚 2.0~4.5mm，经四辊轧机 30% 的变形轧制成 1.4~3.5mm 的薄带，主要生产碳钢，直接在线轧制的带材比铸带-轧制分离的带材伸长率得到极大的改善。

5.3.1.2　Castrip 公司

由美国 Nucor、澳大利亚 BHP 和日本 IHI 合资组建，于 2002 年 3 月建成，2002 年 8 月中旬即可生产 5000t 带卷，并已开始供应商品铸带材，2003 年实现了每周 7 天 24h 生产。年生产能力 50 万吨，产品单卷重 25t，产品宽度 1000~2000mm、厚度 0.7~2.0mm，铸带速度典型的为 80m/min（最大可达 150m/min），生产低碳钢和不锈钢。该铸机的最大特点是铸辊直径仅 500mm，小辊径易于控制铸带坯的板形，同时将使投资和运行成本进一步降低，达到更快、更巧、更薄、更好，不但提高了生产率，而且快速凝固还带来组织细化、偏析降低、合金固溶度增加及亚稳相形成等特点和好处。

除上述 Eurostrip 工程和 Castrip 公司外，当今受人关注的还有以新日铁、三菱重工和 POSCO 组成的铸带集团，铸辊直径为 1200mm、铸带宽度 1330mm，可以工业性生产 304 不锈钢。韩国的浦项与英国的 Davy 公司合作也建有两套双辊连铸机组。我国上海钢铁研究所、东北大学、重庆大学在 20 世纪 90 年代前后开始进行薄带连铸研究，目前宝钢已建立了 ϕ800mm×1050mm 的薄带连铸机组，并开始热试，南方某厂建立的 ϕ1200mm 双辊铸机也开始浇铸出成卷不锈钢薄带坯。

5.3.2　铝的薄带铸轧发展现状

20 世纪 50 年代早期，Hunter Engineering 开发了生产铝薄带坯的双辊铸轧机。40 多年以来，铝合金的薄带铸轧机基本定型为水平方式，根本的工艺技术几乎没有或只有很小的变化。当前使用的典型机型，辊径为 1000mm，辊宽为 2000mm，两个铸辊通常以垂直方式或适当倾斜的方式组装在一起，以便铸带能以水平的方式从双辊中拉出。虽然这种方式能铸造多种合金，但大多数是具有窄的凝固区间的低牌号合金钢。

铝合金铸轧带已形成工业化规模，全世界铸轧铝带坯已占带坯总量的 20% 以上，我国达到 30%。全世界连续铸轧机超过 420 台，总生产能力达 360 万吨/a，我国有 110 台以上，生产能力大于 90 万吨/a。铸轧铝带坯通常厚度在 6 ~ 10mm，铸轧速度 0.8 ~ 1.5m/min，实际生产率并不高。20 世纪 80 年代中后期发现，改善铸轧的传热条件、减薄铸带厚度，可使生产率提高 15 倍，并使可生产的合金范围拓宽，从 1、2、3、5、8 系少数几种铝合金拓展到几乎所有变形铝合金；同时铸轧带坯的组织进一步细化，性能大幅度改善。世界上各大铝业公司，如美国 Hunter、英国 Davy、法国 Pechiney 等，相继开展了被称为第 3 代铝加工技术的超薄、快速连续铸轧技术的研究。到 1999 年，世界上已有 3 条高速薄带坯生产线投入商业生产，最具代表性的新一代铝合金带坯的双辊超薄快速连续铸轧机组（Speedcaster^R）铸轧宽度 2184mm，铸轧速度 38m/min，带坯最薄厚度 0.635mm，带坯最大卷重 19t，生产率 6.5t/h。我国也在"973"项目中开展了上述技术研究，已实现了带坯厚度约 2mm 的连续铸轧，铸轧速度达 13m/min，比现有铸轧速度提高 10 倍以上，所获得材料晶粒细小、微流变取向高度分散、晶界析出物细小均匀分布，材料强度比传统铸轧板提高 30%，深冲制耳率降低 50%，初步形成了高速铸轧工艺的技术原型。

5.3.3　高速钢、硅钢、镁合金的薄带连铸实验研究

如前所述，薄带连铸的产品集中在不锈钢和碳钢。但是该项技术具有生产周期极短的优势，可以快速、灵活地提供用户所需产品，增强市场竞争力，为此有扩大品种和发展新合金带材的潜力。我国于 20 世纪 80 年代末开始双辊薄带连铸技术的研究，先后在实验室机组上对高速钢、硅钢及镁合金的薄带连铸进行了较系统的研究工作。

5.3.3.1　高速钢的薄带连铸

实验采用 $W_6Mo_5Cr_4V_2$ 及 $W_3Mo_2Cr_4VSi$ 两个牌号的高速钢，前者是国际上使用最广

泛的通用高速钢，后者是在国内第一个研究成功的含硅低合金高速钢。从组织对比看，连铸工艺的铸态晶粒显著细化（图5-19），比常规工艺低近两个数量级。共晶碳化物网的统计平均尺寸：连铸工艺 $W_6Mo_5Cr_4V_2$ 为 3.8μm、$W_3Mo_2Cr_4VSi$ 为 3.2μm，而常规工艺相应为 23.2μm 和 13.6μm。

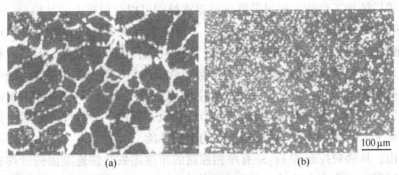

图 5-19 M2 高速钢凝固组织

（a）铸锭；（b）铸带坯

虽然高速钢铸带坯共晶碳化物网的尺寸较铸锭有了很大的细化，但是由于铸带坯不能像普通工艺依靠大变形量的锻造和轧制击碎共晶碳化物，而只能利用快速凝固在高速钢中形成亚稳相 M_2C，高温下 M_2C 将分解成 M_6C 和 MC：$M_2C+\gamma\text{-Fe}\rightarrow M_6C+MC$，从而使碳化物片分断和细化。

通过适当热处理，利用亚稳相分解，使铸带坯中碳化物网分断，并结合少量轧制变形，获得了性能良好的高速钢带材。其与大变形量多次锻造和轧制的普通带材相比，碳化物颗粒及其分布、淬火回火的二次硬度以及做成锯条后的切削效能，均处于相当的水平。目前正在实施规模化生产。

5.3.3.2 硅钢的薄带连铸

冶炼和铸造了含硅量 0.5%、1.0%、3.0%、5.0% 和 6.5% 的硅钢薄带坯，其成分见表 5-8。

表 5-8 实验用硅钢化学成分　　　　　　　　　　　　（质量分数，%）

序号	C	Si	Mn	P	S	Cr	Cu	V	Ti	Al
1	0.01	0.36	0.03	<0.01	<0.01	<0.01	0.030	0.001	<0.01	<0.01
2	0.01	0.99	0.04	<0.01	<0.01	0.07	0.031	0.006	<0.01	<0.012
3	0.012	2.97	0.02	<0.005	0.007	0.01	0.029	0.001	<0.01	<0.01
4	0.040	5.05	0.02	<0.01	<0.01	0.028	0.012	0.001	<0.01	0.052
5	0.060	6.63	0.02	<0.01	<0.01	0.025	0.019	0.001	<0.01	<0.01

实验研究结果表明：

（1）随着含硅量的增加，硅钢的固液相区扩大，有利于薄带连铸过程的进行；同时含硅量增加使钢液表面张力增大，使硅钢更易于获得边缘整齐的铸带。

（2）随着含硅量的增加，铸带晶粒增大，但硅含量大于 5.0% 时，晶粒有减小的趋势；低硅钢铸带的基体组织为铁素体 α-Fe，含硅量增大时出现 Fe_3Si 相，含 6.5%Si 时出

现 Fe_3Si 有序相。

（3）从硅钢的电磁性能考虑希望晶粒粗大，但从硅钢铸带的后续加工性能考虑希望晶粒细小。硅钢铸带出结晶辊后的高温段是晶粒迅速长大的时期，此时加大二次冷却程度可以细化铸态晶粒。减薄铸带厚度、提高铸带速度、适当提高凝固点位置均有利于细化铸态晶粒，改善后续加工性能。通过最终高温退火处理可以获得粗大的晶粒。

对 Fe_3Si 相的控制，在传统硅钢生产中，当硅含量大于 4.5% 时出现 DO_3 型有序相 Fe_3Si。有序相的出现改变了硅钢的磁畴结构，电磁性能得到明显提高，但同时有序化时原子结合力、点阵畸变和反向畴界的存在等都会使合金的塑性变形阻力加大、硬度提高，使硅钢成形变得困难。因此，传统工艺生产硅钢的硅含量不能突破 4.5%。在双辊快速凝固条件下，可以抑制高硅钢中 Fe_3Si 有序相的形成，改善其冷加工性能，随后可采用适当的后处理工艺使 Fe_3Si 相有序化，从而提高钢的电磁性能。

可以看出，从晶粒控制和 Fe_3Si 有序相控制的角度出发，快速凝固铸带均有利于突破常规工艺的局限，生产高含硅量、高电磁性能电工钢。这是值得关注的发展方向。

5.3.3.3　镁合金的薄带连铸

镁及镁合金由于具有密排六方晶体结构，塑性变形能力差，因此传统轧制板材成材率低，生产困难。快速凝固技术可显著细化铸坯显微组织，提高镁合金的强度与塑性，而且可以避免常规微合金化可能带来的有害的以及无法预测的微电池现象，提高镁合金的耐蚀性。目前德国蒂森公司、澳大利亚 CSIRO 采用水平双辊铸轧工艺已试生产出了 2~6mm 厚的镁合金薄带。

我们采用立式双辊铸机进行薄带连铸的实验研究工作，实验材料为 AZ31 镁合金。研究结果表明，当浇铸温度在 655~665℃（高于液相线 20~30℃）、辊速为 13~15r/min、预留辊缝为 0.9mm 时，可以得到边部整齐、表面质量较好的镁合金薄带。此时，镁合金在凝固过程中的冷却速度为 200~300℃/s。

如图 5-20 所示，铸带的组织细小，为 5~10μm，而传统铸态组织较粗大，为 30~100μm。由于凝固过程中较大的冷却速度，使由液相生成的初生晶中的溶质 Al 来不及扩散均匀，而在 α-Mg 中高度富集。此时，在极短的凝固时间里（约为 0.01s），只有很小一部分发生共晶转变，使组织中均匀分布着大量的镁过饱和固溶体。因此，AZ31 镁合金双辊凝固组织由 α-Mg 及 Mg 的过饱和固溶体（包含少量共晶组织）组成。

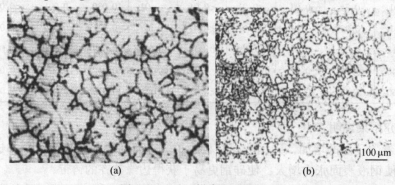

（a）　　　　　　　　　　　　　（b）

图 5-20　AE31 镁合金显微组织

（a）铸锭；（b）铸带坯

5.3.4 讨论与思考

从目前铝合金的薄带铸轧及钢铁材料的薄带连铸来看，虽然两者均是从合金液直接获得薄带坯，但在浇铸方式、工艺特性、铸带厚度等方面存在明显的差异，见表5-9。从表5-9中可以看出，铝的薄带铸轧速度远低于钢，而带坯厚度大于钢。固然在一定程度上这与铝的热物性和高温强度等有关，但值得思考的是，铝合金的薄带铸轧技术产业化比钢铁材料的薄带连铸技术早，但其浇铸速度远低于后者，可否借鉴钢铁材料的立式双辊薄带连铸技术，大力提高其浇铸速度？

表 5-9　钢铁材料与铝合金薄带连铸工艺比较

工艺参数	钢铁薄带连铸	铝薄带铸轧
典型浇铸方式	立式	水平
典型浇铸速度/m·min^{-1}	60~90	0.8~1.5
最快浇铸速度/m·min^{-1}	150	38
实验室最快速度/m·min^{-1}	180	120
带坯的典型厚度/mm	1.5~4	6~10
实验室带坯最薄厚度/mm	0.3	0.5
典型的辊材料	铜	钢
是否连续	连续	半连续

水平双辊法通过铸嘴将合金液送入上下布置的旋转铸辊之间，合金液与铸辊的接触区较短，一般为30~40mm，坯壳的形成需要较长的冷却时间；同时，水平双辊法强调铸轧，要求有一定的轧制变形量。两者均限制了铸轧速度的提高。这种方式的有利方面是：合金液的流动、液面波动易于控制，铸带质量可以得到较好的保证。

立式双辊铸机熔池液面较高，即使是铸辊仅为 $\phi500$mm 的机组，其液面高度可达170mm，金属液与铸辊的接触区也在200mm左右，因此合金液有效冷却距离较长，有利于凝壳的形成，可以采用较高的速度进行浇铸；同时冷却均匀对称，有利于形成均匀的铸带坯组织，对后续加工有利；但熔池内金属液的流动、液面波动较难控制。立式双辊法不强调轧，其轧制力比水平式低1~2个数量级，其带坯轧制由后续的在线轧机完成。

铝合金的常规水平式铸轧适合于凝固温度区间较窄的软铝合金，相反，对凝固温度区间宽的高牌号合金无能为力。对多种合金实验的结果表明，立式薄带连铸对于凝固温度区间宽的合金更容易顺利浇铸。

一台现代化的水平式高速铸轧机年产铝带 3 万~4.5 万吨，而一台立式薄带连铸机年产钢带能力为 40 万~50 万吨。因此，如果采用立式双辊法铸造铝合金，由于浇铸方式、传热和凝固条件的改变，应该可以获得更高的浇铸速度和生产率，并真正实现快速凝固。在这种情况下铸带质量可望进一步提高，并可浇铸凝固温度区间宽的高牌号铝合金。

值得高兴的是日本大阪工业大学 Haga 采用立式双辊连铸技术在实验室铸出了 A5182铝合金，铸速可达 120m/min。

钢的快速凝固薄带连铸技术以跨国公司知名企业的联合实现了产业化，并开始进行商业化运作。Castrip 公司商业化推进速度令人瞩目，其小辊径（ϕ500mm）机组在技术上有重大突破，具有很强的竞争力。未来薄带连铸技术将会快速发展，形成板坯连铸、薄板坯连铸、薄带连铸相互补充，各占一定比例的格局。

薄带连铸除碳钢、不锈钢等成熟钢种以外，应积极发展特殊性能或难加工合金的研究，如高硅电工钢、高速钢等，以充分发挥快速凝固的优势。

目前，采用卧式双辊法浇铸软铝已取得较大进展。要进一步提高铝合金的浇铸速度，特别是高牌号铝合金的浇铸速度，可借鉴立式钢带连铸技术，包括结晶辊材质、侧封技术、布流技术、液面控制技术等。

采用双辊快速凝固技术，可得到超细晶组织，有利于镁合金的两大关键问题——塑性加工及耐腐蚀性能的解决，为此应积极发展镁合金的薄带连铸技术，尤其是立式双辊连铸技术。

在快速凝固铸带技术推广、合金材料门类增加及后处理技术应用过程中，还有许多凝固、固态相变、形变及其耦合的深层次问题值得研究。

5.4 薄带连铸技术及宝钢中试机组

现代铸机结构特点是模块化，其结构如图 5-21 所示。

图 5-21   现代铸机模块化结构

5.4.1 薄带连铸工艺与其他工艺比较

连铸连轧技术的发展的趋势特点是流程紧凑近终形。薄带连铸工艺与其他工艺比较如图 5-22 所示。薄带连铸与其他连铸连轧过程相比，薄带连铸每吨钢可节省能源达 800kJ，CO_2 排放量降低 85%，NO_x 降低 90%，SO_2 降低 70%。薄带铸轧技术尤其适合我国钢铁工业的发展情况，由于能够有效抑制 Cu、S、P 等夹杂元素在钢材基体中的偏析，从而可实现劣质矿资源（如高磷、高硫、高铜矿或废钢等）有效综合利用，节省宝贵资源，是钢铁工业实现可持续发展的重要内容。

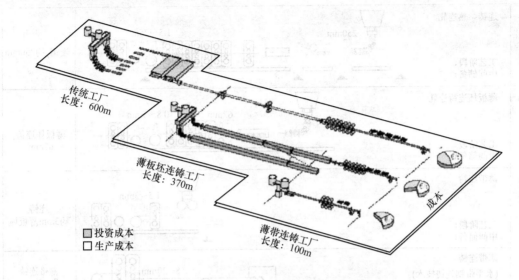

传统工厂
长度：600m

薄板坯连铸工厂
长度：370m

薄带连铸工厂
长度：100m

成本

■ 投资成本
□ 生产成本

图 5-22　薄带连铸工艺与其他工艺比较

5.4.2　薄带连铸技术与新材料开发

采用薄带连铸技术在新材料开发，特别是在生产很难热加工产品时，更是具有工艺上的优势，由于铸带是在冷却速度达到 100~1000℃/s 的条件下形成的，二次枝晶间距仅为 2~5μm，显微组织均质细晶，且具有遗传性，沿带厚成分偏析很小。这对高合金材料的生产十分有益，特别是在难以轧制的高合金薄带钢生产方面有着巨大发展潜力。例如，目前国外在开发的 TWIP 钢、INVAR 合金、铁素体不锈钢、镁合金带、高硅钢等。

世界上薄带连铸代表技术见表 5-10。

表 5-10　世界上薄带连铸代表技术

技术名称	辊径×辊宽 /mm ×mm	钢包 /t	铸速 /m·min^{-1}	带厚 /mm
DSC（新日铁）	1200 ×1330	60	20~130	1.6~5.0
Eurostrip（AST）	1500 ×800	60	100	2.0~5.0
Postrip（浦项）	1200 ×1300	110	30~130	2.0~6.0
Eurostrip（蒂森克虏伯）	1500 ×1450	90	15~140	1.5~4.5
Castrip（纽柯）	500 ×2000	110	15~140	1.5~4.5

德国蒂森克虏伯钢铁公司（ThyssenKrupp Steel）缩短热轧板生产工艺如图 5-23 所示。

如图 5-24 所示，由于缩短工艺流程，从而减少了吨钢 100kg 的 CO_2 排放量。对于薄板坯连铸厂，节省了板坯加热的能耗，还降低了轧制力；如果热轧卷的厚度足够薄，还能够省掉冷轧工序。从 1999 年开始，利用本技术使杜伊斯堡厂 CSP 生产线年产量达到 240 万吨以上。

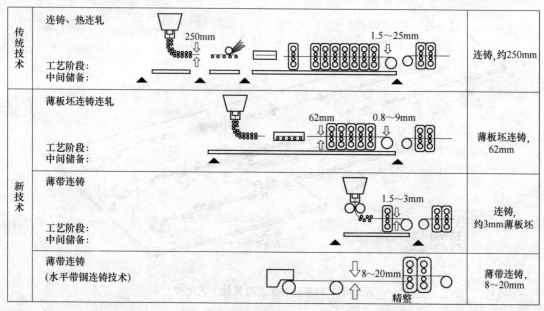

图 5-23 德国蒂森克虏伯钢铁公司缩短热轧板生产工艺

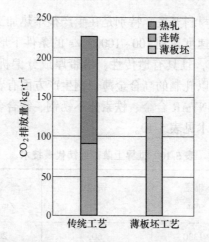

图 5-24 传统工艺与薄板坯工艺 CO_2 排放量对比

5.4.3 薄带连铸技术方向选择

薄带连铸技术经过多年的发展形成过多种工艺技术方案，根据结晶器形式的不同分为带式、辊式、辊带式等。其中双辊式薄带连铸技术是其中最接近工业化的技术。双辊式薄带连铸又分为同径双辊铸机和异径双辊铸机，两辊的布置方式有水平式、垂直式和倾斜式。但最为成熟的是水平等径双辊式薄带连铸工艺。

如图 5-25 所示，钢水注入两个逆向旋转的水冷辊与两耐火材料侧封板组成的三角熔池，钢液接触水冷辊，经

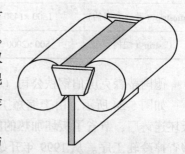

图 5-25 双辊薄带连铸的基本原理

传导传热过程，首先形成半凝固层、凝固层，然后在双辊的逆向转动下进入吻合点，经过铸轧最终成为厚度在 2~6mm 的薄带坯。再经 1 或 2 机架四辊热轧机在线轧制成为厚度1~3mm 薄带后成卷。

5.4.4　宝钢薄带连铸工艺路线及主要技术参数

以宝钢为例，2003 年，宝钢建成一条带宽 1200mm 双辊薄带连铸中试线并投入使用。2004 年，完成不锈钢成卷试验。2005 年，完成碳钢成卷试验。2006 年，完成硅钢成卷试验。2007 年，展开第二阶段攻关。2008 年，完成在线四辊热轧机的增设并成功投入试验。2009 年 2 月，中国第一条薄带连铸连轧生产线——宝钢股份薄带连铸产业化攻关项目全线投入试生产。宝钢薄带连铸中试机组主要参数见表 5-11。

表 5-11　宝钢薄带连铸中试机组主要参数

设备名称		技术参数
冶炼	电弧炉/t	16
	LF/座	1
	VOD/座	1
连铸机	铸机形式	双辊等径薄带连铸机
	铸机台数	1
	铸机流数	1
	结晶辊直径/mm	800
	浇铸速度/m·min^{-1}	最大 110
	铸带厚度/mm	2~5
	生产钢种	碳钢、不锈钢、硅钢
输送辊	辊面宽度/mm	1350
飞剪	飞剪形式	连杆式
	最大剪切厚度/mm	5
冷却控制	冷却方式	层流冷却
热轧机	形式	四辊热轧机
	辊面宽度/mm	1350
	控制方式	带有 HAGC 控制系统
卷取机	最大卷重	最大卷重

宝钢 BAOSTRIP® 中试机组介绍：

（1）其工艺路线及主要技术参数：利用宝钢特钢原有的 16t 电炉，重建一个占地 72m×36m 的新厂房。

（2）主要的工艺流程：炼钢车间生产的合格钢水，经过跨小车运输到薄带连铸车间的浇铸平台上，钢水经中间包和布流水口注入到双辊连铸机，铸成厚度为 2~5mm 的薄带坯，经单机架四辊轧机轧制后，冷却、卷取。

（3）主要技术创新点：铜合金辊式结晶器；改进的结晶辊内冷却系统设计；带有 AGC 控制的辊缝调节系统；装置控制系统的辊面清理装置；浇铸区域的气氛控制；带自

动纠偏功能的薄带连铸夹送辊设计。

（4）工艺设计的主要特点：整条生产线可实现无引带浇注；有完备的参数检测和数据采集系统；实现 6 个闭环控制：自动开浇闭环控制；液位闭环控制；轧制力辊缝闭环控制；辊缝和铸带厚度闭环控制；线上速度的同步控制；纠偏控制。

（5）影响薄带连铸产业化的主要问题：影响薄带连铸产业化的主要问题是生产成本和表面质量；薄带连铸目前耐火材料消耗、结晶器消耗在工序成本中所占比例过高；薄带坯由于比表面积大，在生产过程中没有二次处理措施，对铸态的表面质量（裂纹、冷隔、表面凹坑、夹渣）要求非常高；带钢的断面形状和厚度公差。

（6）宝钢薄带连铸产业化主要方向：针对存在的上述问题，目前宝钢薄带连铸研究的重点主要集中在以下方面：亚快速凝固规律及控制模型；铸轧模型及其板形控制；熔池布流及液面波动控制；结晶辊；侧封板。

5.5　国内钢铁业在薄带连铸技术上获得突破

仅 25s，就可将钢水直接浇铸成带钢；整个轧制过程能耗较传统工艺下降 80%。2015 年 10 月 22 日，宝钢薄带连铸技术在"第六届宝钢学术年会"上首次公开亮相。据了解，由宝钢自主集成的中国第一条薄带连铸连轧工业化示范生产线生产的产品已批量投放市场，并获得用户的肯定。

目前国际钢铁业界最为典型的节能环保短流程技术——薄带连铸技术，已在宝钢成功完成了自主研发，并实现了产业化的成套技术开发，与传统工艺相比可大幅降低能耗，这在国内钢铁业界是首次突破。

宝钢集团中央研究院首席研究员方园介绍，薄带连铸新工艺，是直接把钢水铸成 1.6~3.6mm 厚度的薄带坯，经过在线一机架或两机架热轧，制造出带厚最薄达到 0.8~2.5mm、带宽达到 1100~1680mm 的薄带钢。由于实现铸轧一体化，大大简化了热带钢的生产工序，使钢铁生产流程更紧凑，生产、投资成本更低。

我国钢铁工业目前正面临能源短缺、环境污染、资源匮乏等可持续发展方面的巨大压力，而薄带连铸技术正是化解这些压力的重要途径之一。据相关测算，薄带连铸工艺与传统的板材生产工艺流程相比，能耗降低幅度最高可达 80%。

宝钢研究人员说，目前钢铁业酝酿着"材料革命"，新材料、新规格、新工艺的研制正在进入一个新阶段，这是"同质化"产业结构走到尽头的必然结果，也是对应"互联网+"时代用户个性化需求的新动态。薄带连铸生产线除了环保之外，更关键的是可以成为钢铁的一个科创平台，生产出传统带钢生产工艺难以加工的新材料和具有特殊性能的新产品，包括综合性能优良的高强汽车板、磁感强度及铁损性能优良的高硅钢以及成形性能优良的铁素体不锈钢等，这对于满足未来电动汽车等国家重大战略的需求具有重要意义。

据了解，宝钢通过关键技术的攻关，自主研制了包括炼钢、精炼、数据检测手段等在内的薄带连铸连轧完整的系统，并建设了工业化示范生产线，顺利进入试生产运行阶段，轧制出带厚 0.9mm 的超薄热带钢，产品质量获得市场的肯定。宝钢的这一条示范生产线，是继美国纽柯、德国蒂森、日本新日铁和韩国浦项之后的世界上迄今第 5 条工业化示范生产线，技术上处于国际先进水平。

参 考 文 献

[1] 昌先文. 武钢 CSP 工艺和设备特点 [J]. 山东冶金, 2012, 34 (4): 23~25.

[2] 田乃嫒. 薄板坯连铸连轧 [M]. 2 版. 北京: 冶金工业出版社, 2004: 1~3.

[3] 施雄梁. 基于 CSP 流程的冷轧无取向电工钢生产工艺开发 [J]. 安徽冶金科技职业学院学报, 2008, 18 (3): 1.

[4] http: //www. metalinfo. com. cn/zg/detail. do? ids=280031&dbVal=1.

[5] 王天义. 唐钢超薄热带生产线技术集成与自主创新 [J]. 钢铁, 2006, 41 (3): 1~7.

[6] O' Malley R J, Silbermann O, Watzinger J. CONROLL 技术在阿姆科的应用及其产品的质量研究 [J]. 钢铁, 2000, 35 (3): 26~29.

[7] 孙启超. TRICO STEEL 钢厂——采用 QSP 工艺的短流程钢厂 [J]. 钢铁技术, 2001 (2): 32~46.

[8] Erich HOffkon. CPR——浇铸挤压轧制——生产带钢的一种接近成品形状浇注工艺 [J]. 甘肃冶金, 1994 (4): 40~45. (贾辉章译自 "MPT, 1993 (5)").

[9] 丁培道, 蒋斌, 杨春楣, 等. 薄带连铸技术的发展现状与思考 [J]. 中国有色金属学报, 2004, 14 (s1): 192~196.

[10] 陈华. 宝钢一连铸钢包下渣检测技术的应用 [J]. 炼钢, 2004, 20 (4): 5~7.

[11] 职建军, 裴嗣明, 侯安贵. 钢包下渣检测技术在宝钢的应用 [J]. 宝钢技术, 2004 (5): 5~7.

[12] 唐安祥, 申屠理锋, 钟志敏, 等. 连铸钢包下渣检测与控制系统的研制与应用 [C] //第八届全国连铸学术会议论文集, 2007.

[13] Richard L, Wechsler. A Bold Step Forward for the Steel Industry [J]. ForeCast, June, 2001.

[14] W Blejde, R Mahapatra BHP Steel, Port Kembla, Australia, H Fukase IHI, Yokohama, Japan. RECENT DEVELOPMENTS IN PROJECT M THE JOINT DEVELOPMENT OF LOW CARBON STEEL STRIP CASTING BY BHP AND IHI [C] // METEC Congress 99, Düsseldorf, Germany, 1999.

[15] Intellectual Property and Castrip Technology, ForeCast, September, 2001.

[16] Brett Nelson. Faster, Smarter, Thinner, Better, Forbes, April 16, 2001.

[17] Peter Campbell, Richard L. Wechsler, Castrip LLC. The CASTRIP " Process: A revolutionary casting technology, an exciting opportunity for unique steel products or a new model for steel Micro-Mills?" [C] //Heffernan Symposium, Toronto, Ontario, Canada, 2001.

[18] Flick A, Legrand H, Albrecht F U. The Eurostrip technology-a powerful jump into the future of economic hot band production [A]. Proceeding of International Symposium on Thin Slab and Rolling [C]. Guangzhou, 2002: 95~105.

[19] Wechster R L, Ferriola J J. The Castrip8 process for twinroll casting of steel strip [J]. Steel Technology, 2002 (9): 69~74.

[20] Yun M, Lokyer S, Hunt J D. Twin roll casting of aluminium alloys [J]. Materials Science and Engineering, 2000 (A280): 116~123.

[21] 王祝堂. 迈向新世纪的世界铝带坯铸轧 [J]. 轻合金加工技术, 2001, 29 (4): 8~11.

[22] 林镦熹. 双辊快速连续铸轧超薄带坯技术发展 [J]. 轻合金加工技术, 2001, 29 (7): 14~16.

[23] Fan F, Zhou S, Liang X, et al. Thin strip casting of high speed steels [J]. Journal of Materials Processing Technology, 1997, 63 (1~3): 792~796.

[24] Liang X, Fan F, Zhou S, et al. Edge containment of a twin-roll caster for near net shape strip casting [J]. Journal of Materials Processing Technology, 1997(63): 788~791.

[25] 杨春楣. 硅钢双辊薄带连铸工艺及组织性能研究 [D]. 重庆: 重庆大学, 2001.

[26] 杨春楣, 丁培道, 周守则, 等. 双辊法生产 3.0%无取向硅钢薄带组织与性能 [J]. 重庆大学学

报，2002，25（2）：56~59.

[27] 杨春楣，甘青松，丁培道，等. 硅钢双辊连铸过程中铸带坯组织细化［J］. 连铸，2000（增刊）：
11~13.

[28] 陈绪宏，丁培道，杨春楣. 双辊快速凝固 AZ31 镁合金薄带试验研究［J］. 轻合金加工技术，
2003，31（5）：19~21.

[29] 杨春楣，丁培道，任正德，等. 2002 年材料科学与工程新进展［M］. 北京：冶金工业出版社，
2002：622~626.

[30] 王祝堂. 薄铝带坯高速连续铸轧技术［J］. 轻金属，1999（2）：50~52.

[31] Haga T, Nishiyama T, Suzuki S. Strip casting of A5182 alloy using a melt drag twin-roll caster［J］.
Journal of Materials Processing Technology, 2003（133）：103~107.

[32] http：//www. sh. xinhuanet. com/2015-10/28/c_134758479. htm.

[33] 施海洋，赵家亮，王建波. 结晶器调宽装置优化设计［C］//2010 年全国炼钢-连铸生产技术会议
文集，2010.